光学ライブラリー 4

光とフーリエ変換

谷田貝豊彦［著］

朝倉書店

書籍の無断コピーは禁じられています

　書籍の無断コピー（複写）は著作権法上での例外を除き禁じられています。書籍のコピーやスキャン画像、撮影画像などの複製物を第三者に譲渡したり、書籍の一部をSNS等インターネットにアップロードする行為も同様に著作権法上での例外を除き禁じられています。

　著作権を侵害した場合、民事上の損害賠償責任等を負う場合があります。また、悪質な著作権侵害行為については、著作権法の規定により10年以下の懲役もしくは1,000万円以下の罰金、またはその両方が科されるなど、刑事責任を問われる場合があります。

　複写が必要な場合は、奥付に記載のJCOPY（出版者著作権管理機構）の許諾取得またはSARTRAS（授業目的公衆送信補償金等管理協会）への申請を行ってください。なお、この場合も著作権者の利益を不当に害するような利用方法は許諾されません。

　とくに大学教科書や学術書の無断コピーの利用により、書籍の販売が阻害され、出版じたいが継続できなくなる事例が増えています。

　著作権法の趣旨をご理解の上、本書を適正に利用いただきますようお願いいたします。

［2025年3月現在］

まえがき

　大学に入学し，周期をもった関数が正弦関数（サインやコサイン）の和で表すことができることを知ったときの感動は，今でも忘れられない．複雑な波形が，単純なサインやコサインに分解できる．サインとコサイン波形の重ね合わせで，複雑な波形が合成できる．これがフーリエ級数であった．これをさらに拡張すると周期性のない関数でも，正弦波の和で表すことができ，フーリエ変換の概念に至る．フーリエ変換に代表される，未知の関数を性質のよく分かった関数系の和で表すことは，理工学の多くの分野で汎用的に利用される最も重要な数学的な手法となっている．もとの関数を直接扱うよりも，その展開係数を取り扱ったり，変換された関数を使う方が便利で物理的・数学的な解釈が容易になる場合が多い．

　フーリエ変換は理工学の分野で最も頻繁に利用される変換の一つで，光学の世界でもフーリエ変換はなくてはならない手段である．光のスペクトルは，まさに光波の時間信号に対するフーリエ変換であり，フラウンホーファー回折は開口の空間的なフーリエ変換を与える．光学現象は眼に見えることが多いので，フーリエ変換を可視化出来る．フーリエ変換を直感的に理解するためには，光学の現象が役に立つ．また逆に，光学の知識によってより具体的にフーリエ変換が理解できる．

　旧版『光とフーリエ変換』が出版されてから20年を経過した．この間，多くの読者を得，「初めてフーリエ変換が理解できた」などという嬉しい便りもいただいてきた．本書を執筆した目的が，単に数学的にフーリエ変換を学ぶだけではなく，フーリエ変換を通して光学を学び，理工学全般への理解を深めることにあった．フーリエ変換の物理的イメージが明確になることによって，さまざまな光学現象の理解が進み，新たな応用展開への道が拓けるのである．

今回，朝倉書店「光学ライブラリー」として本書が再版されることは，筆者の望外の喜びである．再版に当たり旧版の誤謬を正したばかりでなく，正弦波を複素表示する意味や負の周波数の解釈がより明確になるよう，解析信号とヒルベルト変換の章を加えた．さらに，フーリエ変換が重要な役割を果たすX線CTとヒルベルト変換による縞解析の記述も追加した．

最後に，本書の内容や記述に関して多くのご指摘をくださった武田光夫博士，杉坂純一郎博士に感謝申し上げる．本書が，光学を学ぶ方々ばかりでなく広く理工学の分野に関係する学生，研究者，技術者の方々のお役にたてれば幸いである．

2012年初夏

谷田貝豊彦

目　　次

1. 光と波動 ··· 1
   1.1 波動と波動方程式 ··· 1
   1.2 平面波 ··· 4
   1.3 波動の複素表示 ··· 7
   1.4 球面波 ··· 9
   1.5 重ね合わせの原理 ··· 10
   1.6 ベクトル波とスカラー波 ·· 11
   　問　題 ··· 12

2. 干渉と回折 ··· 14
   2.1 干　渉 ··· 14
   2.2 可干渉性（コヒーレンス） ·· 17
   2.3 ヤングの実験 ··· 18
   2.4 干渉計 ·· 20
   2.5 回　折 ·· 20
   2.6 フレネル回折 ··· 26
   2.7 フラウンホーファー回折 ·· 29
   　　2.7.1 矩形開口 ·· 30
   　　2.7.2 円形開口 ·· 31
   　　2.7.3 回折格子 ·· 32
   　問　題 ··· 34

3. フーリエ変換とコンボリューション …………………… 36
- 3.1 フーリエ級数 ………………………………………… 36
- 3.2 最良多項式近似 ……………………………………… 43
- 3.3 正規直交関数列 ……………………………………… 44
- 3.4 フーリエ変換 ………………………………………… 45
- 3.5 フーリエ変換の性質 ………………………………… 48
- 3.6 デルタ関数 …………………………………………… 51
- 3.7 コンボリューション積分と相関関数 ……………… 54
- 3.8 特殊な関数の定義とそのフーリエ変換 …………… 57
- 3.9 標本化定理 …………………………………………… 61
- 問　題 …………………………………………………… 65

4. 線形システム ……………………………………………… 67
- 4.1 システムと演算子 …………………………………… 67
- 4.2 線形システム，シフト不変システム ……………… 68
  - 4.2.1 線形システム …………………………………… 68
  - 4.2.2 シフト不変システム …………………………… 69
- 4.3 インパルス応答 ……………………………………… 70
- 4.4 周波数応答関数 ……………………………………… 71
- 4.5 固有関数と固有値 …………………………………… 72
- 問　題 …………………………………………………… 75

5. 高速フーリエ変換 ………………………………………… 76
- 5.1 離散フーリエ変換 …………………………………… 76
- 5.2 窓関数（ウィンドウ関数） ………………………… 79
- 5.3 高速フーリエ変換法の原理 ………………………… 81
- 5.4 高速フーリエ変換のプログラミング ……………… 84
- 問　題 …………………………………………………… 88

6. フーリエ光学 ··· 90
6.1 フレネル回折 ··· 90
6.2 レンズのフーリエ変換作用 ································· 91
6.3 コヒーレント結像 ··· 94
6.4 インコヒーレント光の照明による結像 ······················· 94
6.5 光学系の周波数応答関数 ··································· 99
6.6 解像力 ··· 101
6.7 角スペクトル法 ··· 102
問　題 ··· 105

7. 光コンピューティングと画像処理 ······························· 107
7.1 空間周波数フィルタリング ································· 107
7.1.1 ローパスフィルタとハイパスフィルタ ··················· 109
7.1.2 微分フィルタとラプラシアンフィルタ ··················· 110
7.1.3 位相コントラストフィルタ ····························· 111
7.1.4 超解像とアポディゼーション ··························· 111
7.1.5 マッチトフィルタ ····································· 113
7.2 ホログラフィ ··· 115
7.3 計算機ホログラム ··· 119
7.4 ディジタルホログラフィ ··································· 121
7.5 スペクトルアナライザ ····································· 123
7.6 相関器 ··· 124
7.6.1 空間積分型相関器 ····································· 125
7.6.2 時間積分型相関器 ····································· 125
7.7 結合変換相関器 ··· 127
7.8 加算と減算 ··· 128
7.9 座標変換 ··· 131
7.10 メラン変換 ·· 133
7.11 X線CT ··· 135
問　題 ··· 138

8. 解析信号とヒルベルト変換 ……………………………… 140
- 8.1 複素表示と負の周波数 ……………………………… 140
- 8.2 解析信号 ……………………………………………… 142
- 8.3 ヒルベルト変換 ……………………………………… 144
- 問　題 …………………………………………………… 147

9. 干渉と分光 ………………………………………………… 148
- 9.1 コヒーレンス ………………………………………… 148
- 9.2 時間的コヒーレンス ………………………………… 150
- 9.3 空間的コヒーレンス ………………………………… 152
- 9.4 フーリエ変換分光 …………………………………… 155
- 9.5 位相シフト干渉法 …………………………………… 158
- 9.6 フーリエ変換縞解析法 ……………………………… 162
- 9.7 ヒルベルト変換による縞解析 ……………………… 163
- 問　題 …………………………………………………… 165

問題解答 …………………………………………………… 167
索　引 ……………………………………………………… 183

1
光 と 波 動

　光は電磁波の一種で，電波（ラジオ波，マイクロ波など）とX線の中間の位置にある．すなわち，表1.1に示すように，10^{12} Hzから10^{17} Hz，波長になおすとmmから数nm程度の波長範囲の電磁波が通常，光と呼ばれている．光は波長によりさらに分類され，380 nmから800 nm程度の目に見える波長の光を可視光という．可視光よりも波長の短い光を紫外光，また可視光よりも波長の長いものを赤外光と呼んでいる．通常，可視光線を単に光ということが多い．

　近代物理学では，光は，波動の性質と粒子の性質の両面を備えていると考えられているが，本書では光の伝播の現象を主に取り扱うので，「光は波動である」として議論を進めることにする．光が粒子としての性質をあらわにするのは，物質と電磁場とが相互作用をする場合のみだからである．

　以下に述べる光の伝播に関する法則と性質は，電磁波のきわめて広いスペクトル範囲にわたって成立していることを注意しておこう．外見上はまったく異なるラジオ波の伝播も可視光の結像も，そしてX線回折も，同じ物理現象に基づくものとして統一的に取り扱うことができる．それは，光の波動現象としての取扱いである．

1.1　波動と波動方程式

　岸辺に打ち寄せるさざなみをよく見ると，水そのものが移動しているのではなく，水面の高さの変化が伝播していることがわかる．このように，波は物質そのものが移動することなく，変化の量（変位）のみが伝わる現象である．音

表 1.1 電磁波の周波数と波長

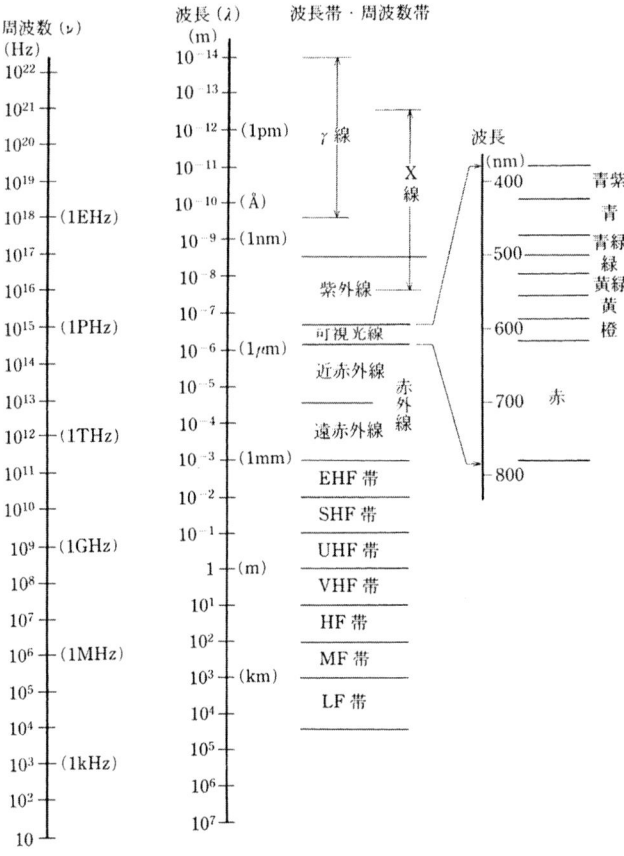

波は圧力の変化が伝播する現象であり,光の場合には電場と磁場の変化が伝わる.これを電磁波という.

いま,変位 u が z 方向に v の速度で伝わる場合を考えよう(図1.1).時刻 $t=0$ での変位分布 u は,

$$u = f(z) \tag{1.1}$$

の形をしているものとする.時刻 t では vt の距離だけ移動するが,変形(分布)の形は変化していないので,

$$u = f(z - vt) \tag{1.2}$$

が成立する.すなわち,変位 u は,時間 t と位置 z とのそれぞれを独立な変数

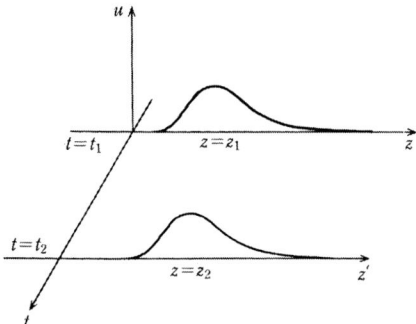

図 1.1 波動の伝播

とするのではなく，$z-vt$ だけの関数である．

変位 u，位置 z，時間 t の間には，変位の形 f によらないで，次の関係式が成立する．まず，

$$\tau = z - vt \tag{1.3}$$

とおくと，

$$\frac{\partial u}{\partial z} = \frac{\partial u}{\partial \tau} \cdot \frac{\partial \tau}{\partial z} = \frac{\partial u}{\partial \tau} \tag{1.4}$$

$$\frac{\partial u}{\partial t} = \frac{\partial u}{\partial \tau} \cdot \frac{\partial \tau}{\partial t} = -v \frac{\partial u}{\partial \tau} \tag{1.5}$$

これをもう一度微分すると，

$$\frac{\partial^2 u}{\partial z^2} = \frac{\partial}{\partial \tau}\left(\frac{\partial u}{\partial \tau}\right)\frac{\partial \tau}{\partial z} = \frac{\partial^2 u}{\partial \tau^2} \tag{1.6}$$

$$\frac{\partial^2 u}{\partial t^2} = \frac{\partial}{\partial \tau}\left(-v \frac{\partial u}{\partial \tau}\right)\frac{\partial \tau}{\partial t} = v^2 \frac{\partial^2 u}{\partial \tau^2} \tag{1.7}$$

よって，次の式が得られる．

$$\frac{\partial^2 u}{\partial z^2} = \frac{1}{v^2} \frac{\partial^2 u}{\partial t^2} \tag{1.8}$$

これは z 方向に速度 v で伝播する波動を記述する基本方程式で，波動方程式と呼ばれている[*1]．

一般に，3次元空間を伝播する波動の波動方程式は式（1.8）を拡張して，

[*1] $-z$ 方向に進む波 $f(z+vt)$ も，波動方程式（1.8）を満足する．

$$\frac{\partial^2 u}{\partial x^2} + \frac{\partial^2 u}{\partial y^2} + \frac{\partial^2 u}{\partial z^2} = \frac{1}{v^2}\frac{\partial^2 u}{\partial t^2} \tag{1.9}$$

と書ける．あるいは，

$$\nabla^2 = \frac{\partial^2}{\partial x^2} + \frac{\partial^2}{\partial y^2} + \frac{\partial^2}{\partial z^2} \tag{1.10}$$

を用いて，

$$\nabla^2 u = \frac{1}{v^2}\frac{\partial^2 u}{\partial t^2} \tag{1.11}$$

と書ける．

1.2 平　面　波

　波動の中で最も単純で基本的なものが正弦波である．正弦波は波形が正弦関数で書け，一般に，z 方向に速度 v で進行するものは

$$u(z, t) = A \cos[k(z - vt) + \phi] \tag{1.12}$$

と表せる．これが，式 (1.8) の波動方程式を満足するのは明らかであろう．変位の最大値 A を振幅，中括弧の中を位相と呼ぶ．正弦波は，図 1.2 に示すように，空間的にも，時間的にも周期関数である．空間的な周期を波長といい，λ で表す．距離 λ だけ波動が進むと変位が同じになるので，

$$k = 2\pi/\lambda \tag{1.13}$$

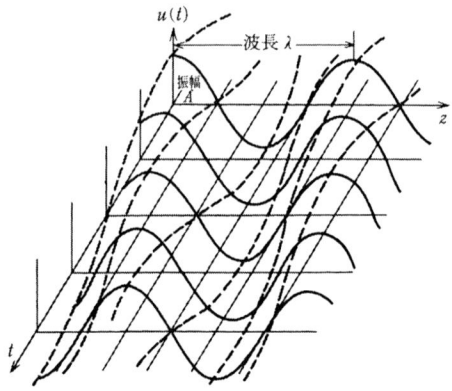

図 1.2　波動の周期性

の関係がある．k は単位長さの中に存在する「波長 λ の数」で，波数，あるいは，分野によっては伝播定数と呼ばれる[*2]．ϕ は，初期位相と呼ばれ，空間座標 z と時間座標 t の原点を適当に選べば 0 とすることができる．

時間に関する周期 T は

$$T = \frac{\lambda}{v} \tag{1.14}$$

で与えられ，周期の逆数が周波数 ν であるので，

$$\nu = \frac{1}{T} \tag{1.15}$$

となる．式 (1.14) を用いると，

$$\nu = \frac{v}{\lambda} \tag{1.16}$$

で，周波数は長さ v（単位時間に波動が進む距離）に含まれる波の数となる．また，角周波数 ω は

$$\omega = 2\pi\nu \tag{1.17}$$

と書ける．

真空中の光の速度は物理定数 c で表される．波動が光波である場合，v は媒質中の光の速度である．c と v の比が媒質の屈折率 n である．

$$n = \frac{c}{v} \tag{1.18}$$

したがって，周波数も

$$\nu = \frac{c}{n\lambda} = \frac{c}{\lambda_0} \tag{1.19}$$

と表される．ただし，λ_0 は真空中の光の波長である．したがって，λ は媒質中の波長で，

$$\lambda_0 = n\lambda \tag{1.20}$$

の関係がある．

波動の位相が等しい点を連ねた面を等位相面あるいは波面と呼ぶ．式 (1.12) の波動は z 方向に進行する 1 次元的な波動であったが，z 軸に垂直な平面での

[*2] 分光学においては，$\sigma = 1/\lambda$ を波数と呼ぶ．両者の区別が必要である場合には，σ を分光学的波数と呼ぶことがある．

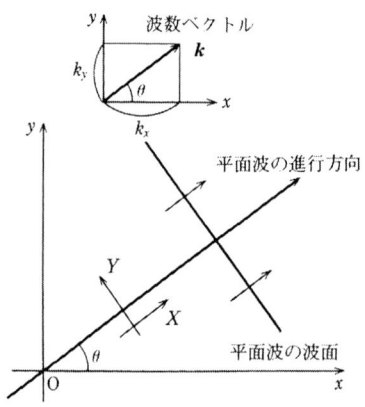

図 1.3 θ 方向に伝播する平面波

変位が同じ波は，すべて式（1.12）で表される．波面が平面の波動を平面波という．したがって，式（1.12）の波動は，z 方向に進行する平面波であるということができる．通常，波動は波面に垂直な方向に伝播することに注意しよう．

では，2次元あるいは3次元空間を伝播する平面波はどのように記述されるであろうか．図1.3 に示したような x-y 平面において，x 軸と θ の角度をなす方向に進む正弦平面波を考えよう．波面は進行方向と垂直な面であるので，波動の進行方向に X 軸を，波面の面上に Y 軸をとると，この波動は，

$$u(X, Y, t) = A \cos(kX - \omega t) \tag{1.21}$$

と書ける．これを x-y 座標に変換すると，

$$u(x, y, t) = A \cos[k(x \cos\theta + y \sin\theta) - \omega t] \tag{1.22}$$

が得られる．これを書き直して，

$$u(x, y, t) = A \cos(k_x x + k_y y - \omega t) \tag{1.23}$$

とすることもある．ここで k_x は波数 k の x 方向成分，k_y は y 方向成分で，

$$k_x = k \cos\theta \tag{1.24}$$

$$k_y = k \sin\theta \tag{1.25}$$

である．k_x と k_y を成分とするベクトルを考え，これを $\boldsymbol{k}$ とすると，ベクトル $\boldsymbol{k}$ は波動の進行方向を向き，その大きさが $k = 2\pi/\lambda$ のベクトルであることがわかる．これを波数ベクトルと呼ぶ．

この考えを拡張すると，3次元空間を進行する平面波（図1.4）は，

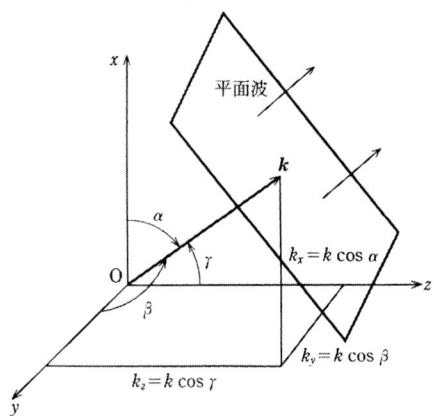

図1.4 波数ベクトルの方向余弦

$$u(x, y, z, t) = A \cos(k_x x + k_y y + k_z z - \omega t) \tag{1.26}$$

と書けることがわかる．k_x, k_y, k_z をそれぞれ x, y, z 方向の成分とするベクトルを $\bm{k}$ とし，原点から座標 (x, y, z) の点に向かうベクトルを $\bm{r}$ とすると，$\bm{k}$ と $\bm{r}$ の内積は，

$$\bm{k} \cdot \bm{r} = k_x x + k_y y + k_z z \tag{1.27}$$

であるから，式 (1.26) は，

$$u(\bm{r}, t) = A \cos(\bm{k} \cdot \bm{r} - \omega t) \tag{1.28}$$

と表される．$\bm{k}$ ベクトルの方向余弦を $\cos\alpha, \cos\beta, \cos\gamma$ とすると，式 (1.27) は式 (1.20) の関係を用いて，

$$\bm{k} \cdot \bm{r} = \frac{2\pi}{\lambda_0} n(x\cos\alpha + y\cos\beta + z\cos\gamma) \tag{1.29}$$

と書ける．

1.3 波動の複素表示

一般に，正弦平面波は式 (1.28) のように書けるが，

$$\exp(i\alpha) = \cos\alpha + i\sin\alpha \tag{1.30}$$

の関係から，

$$u(\bm{r}, t) = \mathrm{Re}\{A \exp[i(\bm{k} \cdot \bm{r} - \omega t)]\} \tag{1.31}$$

と表してもよい．ただし，Re{・・}は{ }の実部を表すので，次のようにも書ける．

$$u(\boldsymbol{r}, t) = \frac{1}{2}\{A\exp[i(\boldsymbol{k}\cdot\boldsymbol{r}-\omega t)] + A^*\exp[-i(\boldsymbol{k}\cdot\boldsymbol{r}-\omega t)]\}$$

$$= \frac{1}{2}A\exp[i(\boldsymbol{k}\cdot\boldsymbol{r}-\omega t)] + \text{c.c.} \quad (1.32)$$

ただし，A^*はAの複素共役な複素数，c.c.は前項の複素共役の意味である．実部をとる記号 Re{ }や複素共役の記号をいちいち書くのは煩雑であるので，混乱がおこらない限り

$$u(\boldsymbol{r}, t) = A\exp[i(\boldsymbol{k}\cdot\boldsymbol{r}-\omega t)] \quad (1.33)$$

と書く．こうすると，空間成分と時間成分が分離でき，計算が簡単になることが多い．例えば，

$$A = \sum A_m \exp[i(\boldsymbol{k}_m\cdot\boldsymbol{r}-\omega t)] = \sum A_m \exp[i(\boldsymbol{k}_m\cdot\boldsymbol{r})]\exp(-i\omega t) \quad (1.34)$$

の計算をする場合，時間成分を分離して空間成分の計算を実行し，後で$\exp(-i\omega t)$を掛けて実部をとればよい．光学における計算では時間の依存性を問題にしないことが多いので，空間成分のみの計算を行う．時間的寄与が必要になった場合には，後から時間的寄与$\exp(-i\omega t)$を掛けて実部をとればよい．

しかし，波動の積を計算するときには注意が必要である．例えば，

$$A_1\exp(i\boldsymbol{k}_1\cdot\boldsymbol{r}) \times A_2\exp(i\boldsymbol{k}_2\cdot\boldsymbol{r}) = A_1A_2\exp[i(\boldsymbol{k}_1+\boldsymbol{k}_2)\cdot\boldsymbol{r}] \quad (1.35)$$

の実部は

$$A_1A_2\cos[(\boldsymbol{k}_1+\boldsymbol{k}_2)\cdot\boldsymbol{r}] \quad (1.36)$$

であるが，これは実数表示の積

$$A_1\cos(\boldsymbol{k}_1\cdot\boldsymbol{r}) \times A_2\cos(\boldsymbol{k}_2\cdot\boldsymbol{r}) \quad (1.37)$$

とは等しくない．すなわち，波動を実数表示しておいて，積をとらねばならない．

しかし，振幅の2乗に比例する波動のエネルギー（強度）は[*3)]

$$I = |u|^2 \quad (1.38)$$

[*3)] 光の強度は，単位時間に単位面積を垂直に横切るエネルギーとして定義される．電磁気学によれば，このエネルギーはポインティングベクトル$\boldsymbol{S}$と呼ばれる．光波の振動数はきわめて高く，この周波数に光検出器は追従できないので，検出可能な光強度は$\boldsymbol{S}$の時間平均$\langle\varepsilon v|\boldsymbol{E}|^2\rangle/2$である．ただし，$\varepsilon, v, \boldsymbol{E}$はそれぞれ，媒質の誘電率，光速度，電場の振幅であり，$\langle\ \rangle$は時間平均を表す．光学においては電場の変位をもって光波の変位としているので，光強度は電場の振幅の2乗に比例することになる．

となる.この場合には,実数表示にしてから積を計算する必要はなく,複素表示のままその絶対値の2乗を計算すればよい.

1.4 球　面　波

波面の形が球面の波動を球面波という(図1.5).まず,波動方程式 (1.11)を極座標を使って表すとしよう.

$$\frac{\partial}{\partial x} = \frac{\partial r}{\partial x} \cdot \frac{\partial}{\partial r} = \frac{x}{r} \cdot \frac{\partial}{\partial r} \tag{1.39}$$

などの関係を用いると,式 (1.11) は

$$\frac{1}{v^2}\frac{\partial^2 u}{\partial t^2} = \frac{1}{r}\frac{\partial^2 (ru)}{\partial r^2} \tag{1.40}$$

となる.この微分方程式の解は,

$$u(r, t) = \frac{1}{r} f(r \pm vt) \tag{1.41}$$

である.複号が-のとき,原点から広がっていく球面波を表し,+のときは,原点に収束する球面波を表す.

正弦球面波は,

$$u(r, t) = \frac{1}{r} \cos\left(\frac{2\pi}{\lambda} r - \omega t\right) \tag{1.42}$$

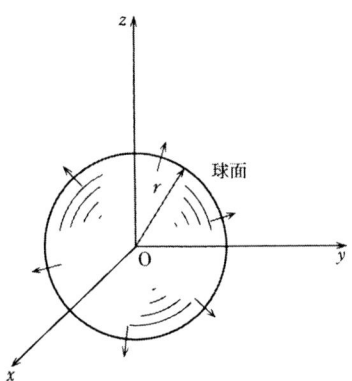

図1.5　球面波

のように書ける．また，観測点が座標原点から十分に離れていて，$1/r$ の変化が無視できる場合には，

$$u(r, t) = A \cos\left(\frac{2\pi}{\lambda} r - \omega t\right) \tag{1.43}$$

と見なして差しつかえない．

1.5　重ね合わせの原理

いくつかの波動が同時に到達した場合を考えよう．いま，最も簡単な例として，同一の波動方程式を満たす2つの波動：$f_1(z-vt)$ と $f_2(z-vt)$ が存在しているとする．すなわち，

$$\frac{\partial^2 f_1}{\partial z^2} = \frac{1}{v^2} \frac{\partial^2 f_1}{\partial t^2} \tag{1.44}$$

$$\frac{\partial^2 f_2}{\partial z^2} = \frac{1}{v^2} \frac{\partial^2 f_2}{\partial t^2} \tag{1.45}$$

が成立している．この2つの波動の合成は変位の和をとるものとすると，合成波 f は

$$f = f_1 + f_2 \tag{1.46}$$

と書ける．この f を式 (1.11) に代入すると，次のようになる．

$$\begin{aligned}\frac{\partial^2 f}{\partial z^2} &= \frac{\partial^2}{\partial z^2}(f_1+f_2) = \frac{\partial^2 f_1}{\partial z^2} + \frac{\partial^2 f_2}{\partial z^2} \\ &= \frac{1}{v^2}\frac{\partial^2 f_1}{\partial t^2} + \frac{1}{v^2}\frac{\partial^2 f_2}{\partial t^2} = \frac{1}{v^2}\frac{\partial^2}{\partial t^2}(f_1+f_2) = \frac{1}{v^2}\frac{\partial^2 f}{\partial t^2}\end{aligned} \tag{1.47}$$

これから合成波 f は，はじめの波動方程式を満足していることがわかる．すなわち，個々の波動の変位の和が合成波の変位を与える．これが波動に関する重ね合わせの原理である．一例として，2つの波動（逆方向に伝播する）を重ね合わせた様子を図1.6に示す．重ね合わせの原理は波動の最も基本的な性質である．この性質は，波動方程式が線形であることによっている．

重ね合わせの原理は，2つの波動の和（変位の和）もまた波動として存在しうることを主張している．逆の見方をすると，ある波動は，別のいくつかの波動に分解できるということになる．式 (1.46) の例では，波動 f は2つの波動

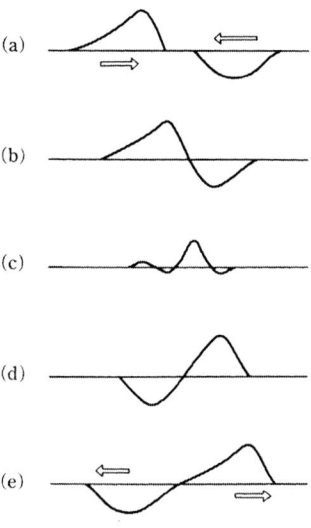

図 1.6　波面の重ね合わせ波の衝突

f_1 と f_2 に分解されることを示している．

波動の分解の仕方はいろいろ考えられるが，最も意味のある分解は，波数の異なる平面波に分解することである．すなわち，

$$f(z-vt) = A_0 + A_1 \cos[k(z-vt)+\phi_1] + A_2 \cos[2k(z-vt)+\phi_2] + \cdots$$
$$= \sum A_m \cos[mk(z-vt)+\phi_m] \tag{1.48}$$

A_m は分解された各平面波の振幅で，元の波動 f に対する分解平面波の寄与の程度を表している．各分解平面波は元の波動 f の満たす波動方程式の解であることに注意しよう．

どのような条件下でこのような分解が可能なのかの数学的考察はしばらくおくとして，この分解をフーリエ級数と呼ぶことだけを，ここでは指摘しておこう．

1.6　ベクトル波とスカラー波

今までは波動の変位 u がどの方向に変位するかについては考えてこなかった．光は電磁波で進行方向を z 軸方向とすると，電場と磁場の変位 u の方向は，

z 方向に垂直な x および y 方向である．つまり，光は横波である．これに対して，音波は，変位が進行方向であるので縦波である．

光波の進行方向をとくに定めなければ，電場も磁場も $E(E_x, E_y, E_z)$ や $H(H_x, H_y, H_z)$ のように3つの成分をもつベクトル量である．したがって，光波はベクトル波であるといわれる．

ところが，光波が真空やガラスや水など媒質の光学的性質が場所と方向によらない均質で等方的な場合には，その中を進む電場と磁場の成分 E_x, E_y, E_z と H_x, H_y, H_z は，各々独立に，

$$\nabla^2 E_x = \frac{1}{v^2} \frac{\partial^2 E_x}{\partial t^2} \tag{1.49}$$

のように波動方程式に従う．これをまとめて式 (1.11) の形で波動方程式を表す．これをスカラー波という．

通常は，光波をこのようなスカラー波と見なしてよいが，媒質が均質等方的でない場合や開口や境界近傍では電場と磁場の各成分 E_x, E_y, E_z と H_x, H_y, H_z は独立でなくなり互いに影響を及ぼしあう．このような場合には，スカラー波近似は成立しなくなり，光波をベクトル波として考えなければならない．

次に，複素数表示された一般的な正弦波を考えよう．

$$u(\boldsymbol{r}, t) = U(\boldsymbol{r}) \exp(-i\omega t) \tag{1.50}$$

ただし，

$$U(\boldsymbol{r}) = A(\boldsymbol{r}) \exp[i\phi(r)] \tag{1.51}$$

この正弦波も波動方程式 (1.11) に従うので，式 (1.50) を代入すると，

$$(\nabla^2 + k^2)U = 0 \tag{1.52}$$

が得られる．ここで，k は波数 (1.13) である．式 (1.52) は，ヘルムホルツ方程式と呼ばれ，真空中や均質な媒質（屈折率が一定）中を伝播する単色光の複素振幅を記述するものである．

問　題

1.1 $-z$ 方向に進む波動 $u = f(z + vt)$ が，波動方程式 (1.11) を満足することを示せ．

1.2 次式で表される波動の速度，進行方向，周期，波長，波数を求めよ．ただし，長さの単位は m，時間の単位は秒である．

$$u = 20 \cos[2\pi(32t - 8z)]$$

1.3 波長 $0.6328\,\mu\mathrm{m}$ の光波の振動数と波数を求めよ.

1.4 z 方向に速さ v で進み,波長がわずかに異なる2つの波動
$$u_1 = A\cos[2\pi/\lambda_1(z-vt)]$$
$$u_2 = A\cos[2\pi/\lambda_2(z-vt)]$$
がある.これらの合成波を求めて図示せよ.ただし,$A=2.0$,$v=40.0\,\mathrm{m/s}$,$\lambda_1=4.0\,\mathrm{m}$,$\lambda_2=4.4\,\mathrm{m}$ とし,$t=0$,$t=1$ の場合を図示せよ.

参 考 図 書

(＊入門書として適当)

＊E. Hecht：Optics, 4th ed., Addison Wesley (2002).
　尾崎義活,朝倉利光訳：ヘクト光学 I, II, III,丸善 (2002〜2003).
　藤原邦男：振動と波動,サイエンス社 (1976).
＊櫛田孝司：光物理学,共立出版 (1983),第3章.
　岩本文明：波動,東京大学出版会 (1985),第3章.
＊谷田貝豊彦：例題で学ぶ光学入門,森北出版 (2010).

2
干 渉 と 回 折

　ここでは，光波の波動としての性質が顕著にあらわれる干渉と回折について述べることにする．光波の重ね合わせにより，回折の現象を説明する．そして，回折の中でも，フラウンホーファー回折はフーリエ変換で記述できることを示す．最後に，簡単な対象物による回折像の計算例をいくつか示す．これらはフーリエ変換の直感的な理解に役立つであろう．

2.1　干　　　渉

　図 2.1 に示すように，空間上の 2 点 A, B を通り，点 C で交わる 2 つの光の平面波を考えよう．光は正弦波と見なせるとしよう．簡単化のため，両光波の周波数は等しいものとしよう．座標の原点を適当にとり，AC, BC のベクトルを r_{AC}, r_{BC} とする．また，両光波の波数ベクトルを k_A, k_B とする．点 A を通

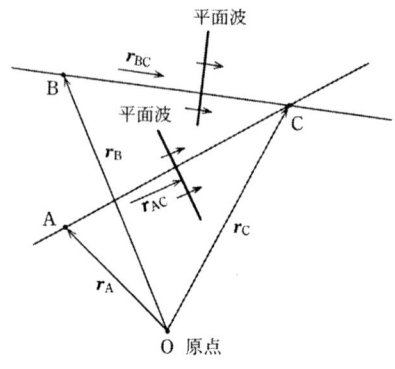

図 2.1　平面波の干渉

過して点 C に至る波動を次のように表す.
$$u_A = A_A \exp[i(\boldsymbol{k}_A \cdot \boldsymbol{r}_{AC} + \phi_A - \omega t)] \tag{2.1}$$
同様に，点 B から点 C に至る波動を，
$$u_B = A_B \exp[i(\boldsymbol{k}_B \cdot \boldsymbol{r}_{BC} + \phi_B - \omega t)] \tag{2.2}$$
と書く．いま，点 A と点 C の位置を示すベクトルを $\boldsymbol{r}_A(x_A, y_A, z_A)$, $\boldsymbol{r}_C(x_C, y_C, z_C)$ とすると，
$$\boldsymbol{r}_{AC} = \boldsymbol{r}_C - \boldsymbol{r}_A \tag{2.3}$$
であるので，式 (2.1) の位相項のうち，空間に関する項は，式 (1.29) を用いて，
$$\boldsymbol{k}_A \cdot \boldsymbol{r}_{AC} = \boldsymbol{k} \cdot (\boldsymbol{r}_C - \boldsymbol{r}_A)$$
$$= \frac{2\pi}{\lambda_0} n[(x_C - x_A)\cos\alpha_A + (y_C - y_A)\cos\beta_A + (z_C - z_A)\cos\gamma_A] \tag{2.4}$$
となる．さらに，
$$(x_C - x_A)\cos\alpha_A + (y_C - y_A)\cos\beta_A + (z_C - z_A)\cos\gamma_A = l_{AC} \tag{2.5}$$
とすれば，l_{AC} は点 A と点 C の距離を表す．距離に，屈折率 n を掛けた nl_{AC} を光学的距離，または光路長という．すなわち，式 (2.1) は
$$u_A = A_A \exp\left[i\left(\frac{2\pi}{\lambda_0} nl_{AC} + \phi_A - \omega t\right)\right] \tag{2.6}$$
と書ける．式 (2.2) も同様に，位相を光学的距離で表し，次のように書く，
$$u_B = A_B \exp\left[i\left(\frac{2\pi}{\lambda_0} nl_{BC} + \phi_B - \omega t\right)\right] \tag{2.7}$$

点 C における波動の振幅は，重ね合わせの原理から，2 つの波動 u_A と u_B の振幅の和で与えられるから，
$$u_C = A_A \exp\left[i\left(\frac{2\pi}{\lambda_0} nl_{AC} + \phi_A - \omega t\right)\right] + A_B \exp\left[i\left(\frac{2\pi}{\lambda_0} nl_{BC} + \phi_B - \omega t\right)\right]$$
$$= \left\{A_A \exp\left[i\left(\frac{2\pi}{\lambda_0} nl_{AC} + \phi_A\right)\right] + A_B \exp\left[i\left(\frac{2\pi}{\lambda_0} nl_{BC} + \phi_B\right)\right]\right\} \exp(-i\omega t)$$
$$\tag{2.8}$$
となる．したがって，点 C における光強度は次のようになる．
$$I_C = |u_C|^2$$
$$= I_A + I_B + 2\sqrt{I_A I_B} \cos\left[\frac{2\pi}{\lambda_0} n(l_{BC} - l_{AC}) + (\phi_B - \phi_A)\right] \tag{2.9}$$

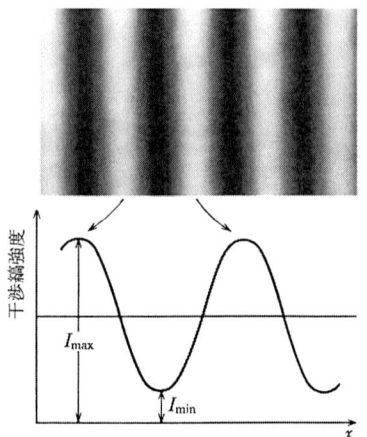

図 2.2　干渉縞（2つの平面波の重ね合わせによる）

ただし，$I_A = |u_A|^2$，$I_B = |u_B|^2$ である．

　点Cにおける光強度Iは，重ね合わされる2つの光波の強度の和$I_A + I_B$ではなく，第3の正弦項が付随することがわかる．この現象が，光の干渉と呼ばれる現象である．式(2.9)で，$n(l_{BC} - l_{AC})$ を光学的距離の差，すなわち光路差という．光路差の変化により，光強度は正弦的に変化し，空間的に縞模様をつくる．これが干渉縞である．図2.2に干渉縞の例を示す．干渉縞は，位相差を

$$\Phi = \frac{2\pi}{\lambda_0} n(l_{BC} - l_{AC}) + \phi_B - \phi_A \tag{2.10}$$

とすれば，干渉縞の強度の最大値と最小値は，mを整数として，

最大値：$\Phi = 2\pi m$ のとき，

$$I_{max} = |u_A + u_B|^2$$

最小値：$\Phi = (2m+1)\pi$ のとき，

$$I_{min} = |u_A - u_B|^2$$

となる．

　式(2.9)から，周波数の等しい波動の干渉では時間項が消え，干渉縞の強度分布は時間に依存しないことがわかる．したがって式(2.1)，(2.2)も，はじめから時間項を省略してよい．この理由から，以下の取扱いでは，必要のな

い限り時間項は省略することにする.

2.2 可干渉性（コヒーレンス）

干渉縞の見え方の尺度として，コントラスト（contrast）または可視度（visibility），鮮明度などと呼ばれる量が定義されている．これは $I_{\max}$, $I_{\min}$ を強度の局所的な最大値と最小値として

$$V = \frac{I_{\max} - I_{\min}}{I_{\max} + I_{\min}} \tag{2.11}$$

で与えられる．式 (2.9) を用いると，

$$V = \frac{2\sqrt{I_A I_B}}{I_A + I_B} \tag{2.12}$$

したがって，$I_A = I_B$ のときコントラストは最大になり，$V = 1$ である．逆に，I_A と I_B のいずれかが 0 のときには $V = 0$（最小）になり，干渉縞は見えなくなる．

さて，$A_A = A_B$ のとき，コントラストは常に $V = 1$ となるのであろうか．実は，$V = 1$ となるためには特別な条件が必要である．すなわち，点 A と点 B における初期位相 ϕ_A, ϕ_B の差 $\phi_B - \phi_A$ が時間的に一定でなければ，干渉縞は安定に存在しえない．位相差 $(\phi_B - \phi_A)$ は，光源の性質，光源から点 A, B までの距離などで決まる．したがって，干渉縞の明暗は光路差 $(l_{BC} - l_{AC})$ のみによって決まるのではなく，光源の性質や光学系の配置にも依存する．

通常の光源から発する光波では，位相 ϕ は 10^{-8} 秒程度以下の時間しか一定と見なすことができない．きれいな正弦波と見なせるのは，このきわめて短い継続時間に限られるのである．振幅と位相 ϕ が，ある一定時間の間決まった値をとる正弦波の連なりを，波連と呼ぶ．光源からは継続時間有限の多数の波連が放出され，これが実際の光波を形成しているのである．

この点を考慮すると，点 C で安定に干渉縞を形成するためには，少なくとも同一の光源からの光を点 A, B に導き，点 C で重ね合わせなければならない．このような装置が干渉計である．

9.1 節で詳しく述べるように，光源の性質により，$\phi_B - \phi_A$ の安定性が決まる．この尺度を可干渉度（コヒーレンス度）と呼び，γ_{AB} で表す．$0 \leqq \gamma_{AB} \leqq 1$ であ

り，$\gamma_{AB}=1$ のとき，2 点 A，B から到達した光波は互いに可干渉（コヒーレント coherent）であるという．また，$\gamma_{AB}=0$ のときには，非干渉（インコヒーレント incoherent）であるという．光源の可干渉性を考慮すると，干渉縞のコントラストは，

$$V = \frac{2\sqrt{I_A I_B}}{I_A + I_B}\gamma_{AB} \tag{2.13}$$

と表される．したがって，式 (2.9) は光源が可干渉 $\gamma_{AB}=1$ の場合の式である．可干渉度 γ_{AB} を考慮すると，式 (2.9) は次のようになる．

$$I_C = I_A + I_B + 2\sqrt{I_A I_B}\,\gamma_{AB} \cos\left[\frac{2\pi}{\lambda_0}n(l_{BC}-l_{AC}) + (\phi_B - \phi_A)\right] \tag{2.14}$$

このことから，2 点 A，B から到達した光波がインコヒーレントであると，

$$I_C = I_A + I_B \tag{2.15}$$

となって，単に 2 つの波の強度の和をとればよい．一方，コヒーレントの場合には，式 (2.8) と式 (2.9) のように，まず，振幅の和を計算して，その後，絶対値の 2 乗を求めて強度を計算しなければならない．

2.3 ヤングの実験

　干渉の現象を観測するための最も簡単な配置として，図 2.3 を考えよう．この干渉計は，Thomas Young が光の波動説を実証するための実験に用いた歴史的に有名なものである．光源 Q の前に，単スリット S を置き，その単スリットからもれでる光で 2 つのスリット A と B を照明する．複スリットから十分離れた位置にスクリーンを置いて複スリットを通過した光波を観測する．複スリットの面とスクリーン面は互いに平行であり，その距離を R とし，複スリットの中心に座標原点 O をとる．光源 Q，単スリット S，複スリットの中心 O は同一直線上にあるものとする．この直線を z 軸としよう．複スリットに直交する方向に x 軸を，平行する方向に y 軸をとる．複スリットは $x=d/2$ と $x=-d/2$ の位置にあり，スクリーン上の観測点 P の位置を x とする．以下，計算を簡単化するため，x-z 面内の現象のみを考えることにする．
　各スリットの幅はいずれも小さく，光の波長程度よりやや大きいものとする．

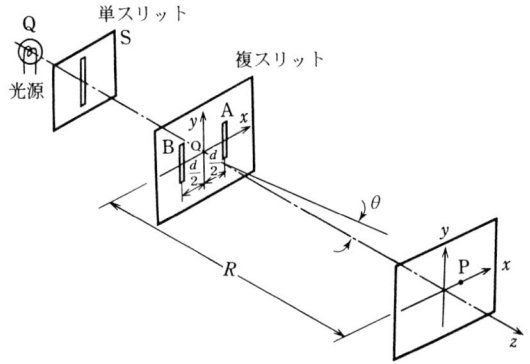

図 2.3 ヤングの実験

すると，2.5 節で詳しく述べるが，スリットを通過した後の光波はあたかもスリットを光源とした球面波のように進行する．したがって，スクリーン上には，2 点 A, B からきた球面波の干渉縞が形成される．単スリット S から 2 点 A, B までの距離は等しいので，この 2 つの球面波の初期位相 ϕ_A と ϕ_B は常に等しく，互いに可干渉である．

スリット A からスクリーン上の観測点 P に到達する球面波は，R が十分大きいときには[*1)]，式 (1.43) を用いて次のように書ける．

$$u_A = A \exp(ikr_{AP}) \tag{2.16}$$

ただし，

$$r_{AP} = \sqrt{R^2 + \left(x - \frac{d}{2}\right)^2} \simeq R + \frac{(x-d/2)^2}{2R} \tag{2.17}$$

また同様に，スリット B から点 P に到達する球面波は，式 (2.16) と振幅が等しいと考えられるので，

$$u_B = A \exp(ikr_{BP}) \tag{2.18}$$

ただし，

$$r_{BP} = \sqrt{R^2 + \left(x + \frac{d}{2}\right)^2} \simeq R + \frac{(x+d/2)^2}{2R} \tag{2.19}$$

となる．したがって点 P における干渉縞の強度は次のように与えられる．

[*1)] 正確には，R は z 軸から点 A，点 P までの距離よりも十分大きいというべきである ($R \gg d/2$, $R \gg x$)．

$$\begin{aligned}
I_P &= |u_A + u_B|^2 \\
&= 2A^2[1 + \cos k(r_{BP} - r_{AP})] \\
&= 2A^2\left[1 + \cos\left(\frac{kd}{R}x\right)\right]
\end{aligned} \tag{2.20}$$

スクリーン上には，等間隔の正弦関数的な干渉縞があらわれる．これをヤング縞という．干渉縞のコントラストは $V=1$ である．

2.4 干 渉 計

1つの光源からきた光波を適当に分割して重ね合わせ，干渉させる装置を干渉計ということはすでに述べた．干渉計は，きわめて短い距離を測定する目的や屈折率の測定のために，古くから利用されてきた．これは，光の1波長分の光路差で干渉縞の明暗が1周期変化することを利用した計測法である．代表的な干渉計のいくつかを図2.4に示す．(a) のマイケルソン（Michelson）の干渉計は，メートル原器の長さを精密に測定したり，エーテルが存在しないことを実証し，相対性理論の重要な礎石となったことで歴史的に知られている．(b) のトワイマン-グリーン（Twyman-Green）の干渉計，(c) のフィゾー（Fizeau）干渉計は光学面や精密機械加工面の形状検査に利用される．屈折率の測定には (e) のジャマン（Jamin）の干渉計が，また，気体の流れを観察する目的やプラズマ密度の測定や気体の屈折率分布を可視化するにはマッハ-ツェンダー（Mach-Zehnder）干渉計 (d) が使われる．光のスペクトルを精密に測定するためには，(f) のファブリ-ペロー（Fabry-Perot）干渉計が利用されている．

2.5 回 折

再びヤングの実験を考えてみよう．解析を簡単にするため，図2.3の単スリットSは複スリットから十分離れていて，複スリット面に到達する光波は平面波と見なせるものとする．縞を観測するスクリーン面も複スリット面から十分離れているものとする．このとき，複スリット面からスクリーン面を見たときの角度は

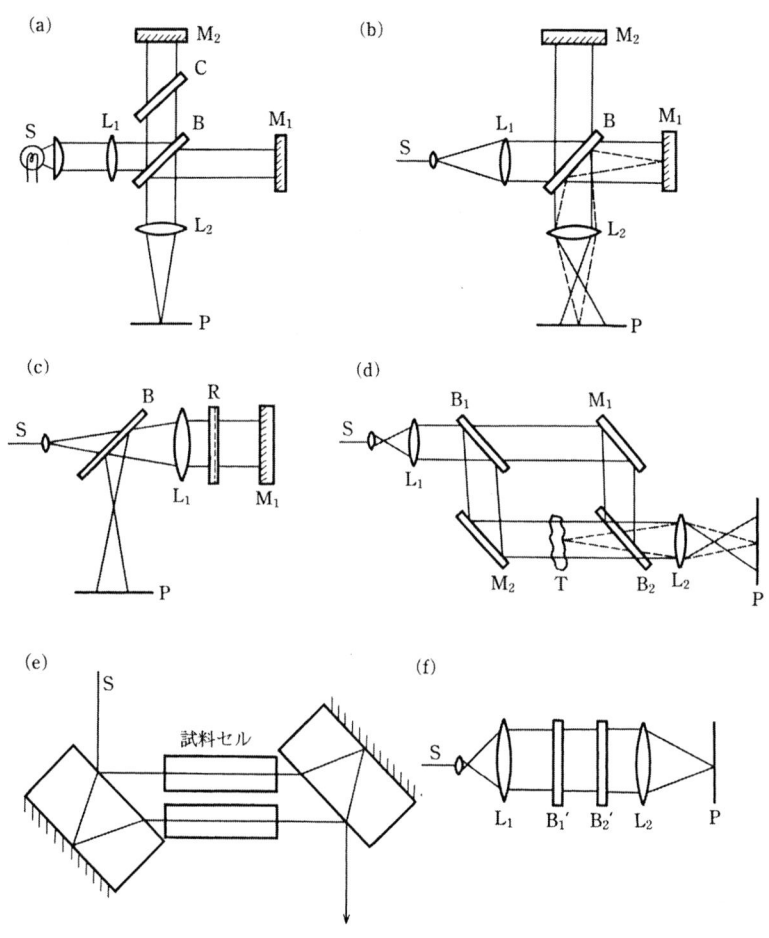

図 2.4 代表的干渉計
S：光源，L：レンズ，M：反射鏡，B：半透明鏡，R：基本半透明鏡，B′：高反射率半透明鏡，T：透明試料，P：観測面．

$$\theta = \frac{x}{R} \tag{2.21}$$

となる．スクリーン面で観測されるヤング縞は角度 θ の関数として次式で表される．

$$I = |u_\mathrm{A} + u_\mathrm{B}|^2 = \left| A \exp\left(-\mathrm{i}\frac{kd\theta}{2}\right) + A \exp\left(\mathrm{i}\frac{kd\theta}{2}\right) \right|^2$$

$$= 2A^2[1+\cos(kd\theta)] \qquad (2.22)$$

このとき，u_A と u_B はそれぞれ，近似的に，

$$u_A = A\exp\left(-\mathrm{i}\frac{kd\theta}{2}\right)\cdot\exp(\mathrm{i}kR) \qquad (2.23)$$

$$u_B = A\exp\left(\mathrm{i}\frac{kd\theta}{2}\right)\cdot\exp(\mathrm{i}kR) \qquad (2.24)$$

である．このときの干渉縞強度分布を図 2.5(a) に示す．

今度は，図 2.5(b) のような 3 スリットの場合を考えてみよう．3 つのスリッ

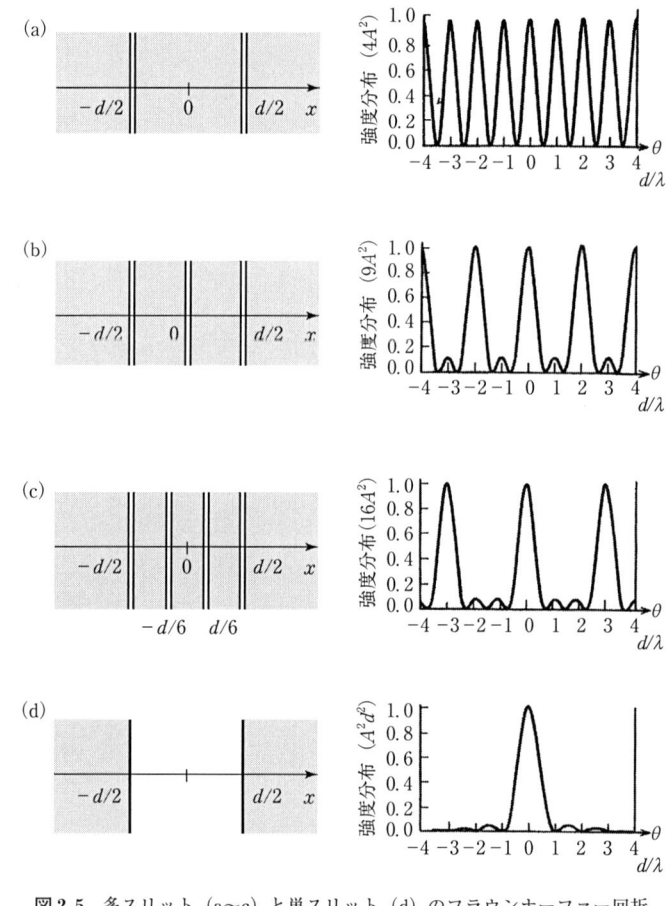

図 2.5 多スリット (a〜c) と単スリット (d) のフラウンホーファー回折

トからくる光波は互いにコヒーレントであるから，式（2.22）の計算からの類推で，干渉縞強度分布を θ の関数として表すと，

$$I = \left| A\exp\left(-\mathrm{i}\frac{kd\theta}{2}\right) + A + A\exp\left(\mathrm{i}\frac{kd\theta}{2}\right) \right|^2$$

$$= 3A^2 + 4A^2\cos\left(\frac{kd\theta}{2}\right) + 2A^2\cos(kd\theta) \qquad (2.25)$$

が得られる．同じく図 2.5(c) の 4 スリットの場合は次のようになる．

$$I = \left| A\exp\left(-\mathrm{i}\frac{kd\theta}{2}\right) + A\exp\left(-\mathrm{i}\frac{kd\theta}{6}\right) + A\exp\left(\mathrm{i}\frac{kd\theta}{6}\right) + A\exp\left(\mathrm{i}\frac{kd\theta}{2}\right) \right|^2$$

$$= 4A^2 + 6A^2\cos\left(\frac{kd\theta}{3}\right) + 4A^2\cos\left(\frac{2kd\theta}{3}\right) + 2A^2\cos(kd\theta) \qquad (2.26)$$

このように，一番外側のスリットの間隔を変えずに，スリットの数を増やしていくと，最後には図 2.5 (d) のような横幅 d の開口になる．このとき，スクリーン上の光波の振幅分布は，

$$u = \int_{-d/2}^{d/2} A\exp(-\mathrm{i}k\theta\tau)\mathrm{d}\tau$$

$$= Ad\frac{\sin(kd\theta/2)}{kd\theta/2} \qquad (2.27)$$

となり，したがって強度分布は次のようになる．

$$I = A^2 d^2 \left[\frac{\sin(kd\theta/2)}{kd\theta/2}\right]^2 \qquad (2.28)$$

幅 d の開口をコヒーレントな光で照明すると，開口から十分離れたスクリーン面上では，光波は広がる．開口のような遮蔽物を通過した後に光波が直進せず広がって進む現象を回折という．また，スクリーン上にあらわれるパターンを回折像と呼ぶ．広がりの目安を回折像の大きさ（回折像の中心からみて強度が最初に 0 となる 2 点間距離）とすると，式（2.28）より

$$\frac{kd\theta}{2} = \pi \qquad (2.29)$$

すなわち，回折による角度広がりは，

$$\theta = \frac{\lambda}{d} \qquad (2.30)$$

となる．回折の大きさは，波長に比例し，開口の大きさに逆比例する．したがっ

て，回折により，光波は障害物があると，その影の内側方向にもまわり込んで進行する（図2.6）．

開口の幅が狭くなるにしたがって，回折の現象は顕著になって，開口を直進する平面波の成分が少なくなる．開口幅が波長程度になると，もはやこの直進成分がなくなり，回折波は球面波と見なせるようになる．このことが，2.3節でスリットからの回折波を球面波と見なした根拠である．

式（2.27）の積分の意味するところは，開口面を源とする多数の球面波[*2]の重ね合わせが回折波の振幅を与えるということである．歴史的には，回折の

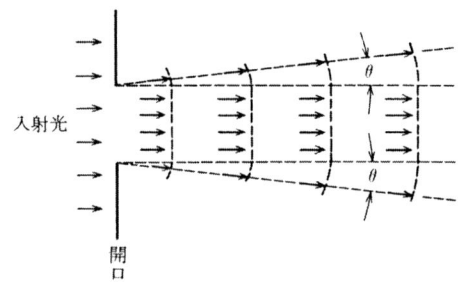

図 2.6　回　折

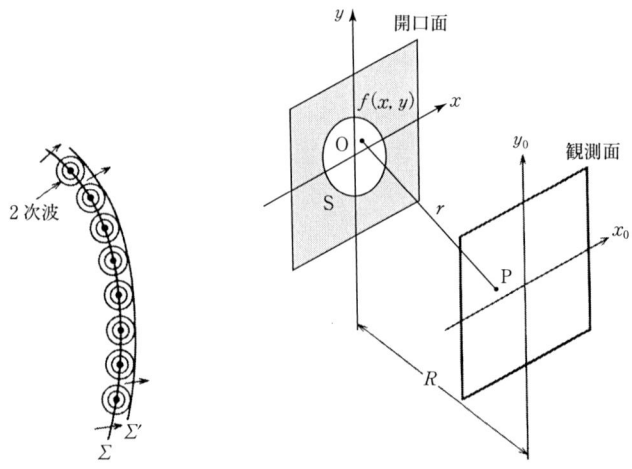

図 2.7　ホイヘンスの原理　　図 2.8　回折計算のための座標

[*2] 式（2.27）式の $A\exp(-ik\theta\tau)$ は平面波の式であるが，これは観測点がスリット面から十分離れているからである．

現象は，図2.7に示すホイヘンス（Huygens）の原理によって説明されてきた．この原理は，ある時刻に波面がΣの位置にあったとき，Σの位置から放出される球面波（これを2次波という）の包絡線Σ'が次の時刻の波面の位置を与える，というものである．この原理は，回折の現象を十分説明するものではない．フレネル（Fresnel）は，2次波の干渉によって回折波が計算できるとした．これが今日，ホイヘンス-フレネルの原理と呼ばれるものである．

ホイヘンス-フレネルの原理にしたがって，図2.5(d) の回折を定式化してみよう．図2.8のような座標系をとると，スクリーン上の観測点$P(x_0, y_0)$における回折波の振幅は次のようになる．

$$u_P = \int_S \frac{A \exp(ikr)}{i\lambda r} dxdy \tag{2.31}$$

ただし，rは開口上の一点からスクリーン上の観測点Pまでの距離，$dxdy$は開口面上の微小面積要素で，積分は開口S全体について行うものとする．$(A/r) \cdot \exp(ikr)$が2次波に対応していることはいうまでもない．ここで，開口からスクリーンまでの距離Rは開口の大きさよりも十分大きいとする．このような場合には，開口内で座標(x, y)が変化しても，rの変化はきわめて小さいので，式(2.31)の$1/r$を一定と見なし，$1/R$に等しいとしても積分には影響が少ない．

次に，開口の形を表す開口関数$f(x, y)$を導入しよう．すなわち，

$$f(x, y) = \begin{cases} 1 : \text{開口}S\text{の内側} \\ 0 : \text{開口}S\text{の外側} \end{cases} \tag{2.32}$$

このとき，式 (2.31) は

$$u_P(x_0, y_0) = \frac{A}{i\lambda R} \iint_{-\infty}^{\infty} f(x, y) \exp(ikr) dxdy \tag{2.33}$$

と書ける．この式は，開口面に垂直に平面波が入射したときにおこる回折波の振幅分布を与える[*3]．

[*3] 厳密な回折の式は，波動方程式を開口の形によって決まる境界条件を与えて解けば求まる．フレネル-キルヒホッフ（Fresnel-Kirchhoff）の回折積分やレイリー-ゾンマーフェルト（Rayleigh-Sommerfeld）の回折式と呼ばれているものがそれである．式 (2.31)，(2.33) に$1/i\lambda$の項がつく理由も，この回折式による．

2.6 フレネル回折

ここで，式 (2.33) を計算しやすい形に変形しておこう．まず開口面の 1 点 (x, y) から観測点 $\mathrm{P}(x_0, y_0)$ までの距離は次式で与えられる．

$$r = \sqrt{R^2 + (x-x_0)^2 + (y-y_0)^2} \tag{2.34}$$

R は $(x-x_0)$ や $(y-y_0)$ にくらべ十分大きいので，次のように近似できる．

$$r = R\sqrt{1 + \frac{(x-x_0)^2 + (y-y_0)^2}{R^2}}$$

$$\fallingdotseq R + \frac{1}{2R}[(x-x_0)^2 + (y-y_0)^2] - \frac{1}{8R^3}[(x-x_0)^2 + (y-y_0)^2]^2 \tag{2.35}$$

ここで，

$$\left| \frac{k}{8R^3}[(x-x_0)^2 + (y-y_0)^2]^2 \right| \ll 1 \tag{2.36}$$

つまり，

$$R^3 \gg \frac{\pi}{4\lambda}[(x-x_0)^2 + (y-y_0)^2]^2 \tag{2.37}$$

の条件が定立するものとすると[*4]，式 (2.35) は

$$r = R + \frac{1}{2R}[(x-x_0)^2 + (y-y_0)^2] \tag{2.38}$$

となり，回折式 (2.33) は，

$$u_\mathrm{P}(x_0, y_0) = \frac{A}{\mathrm{i}\lambda R} \exp(\mathrm{i}kR) \int_{-\infty}^{\infty} f(x, y)$$

$$\times \exp\left\{\frac{\mathrm{i}k}{2R}[(x-x_0)^2 + (y-y_0)^2]\right\} \mathrm{d}x\mathrm{d}y \tag{2.39}$$

と書ける．式 (2.37) の条件を満たす回折をフレネル回折 (Fresnel diffraction) といい，式 (2.39) をフレネル回折式という．

ここで，最も簡単なフレネル回折の例であるナイフエッジによる回折を考え

[*4] この条件の下では，開口の大きさが幅 1 cm，観測領域も幅 1 cm，波長 0.5 μm のときに，$R \gg$ 30 cm となる．しかし，この条件を満足しなくても，式 (2.38) の近似は成立する．物体近傍では，式 (2.39) の k/R はきわめて大きくなり，x, y の変化によって被積分項は ± に激しく振動するので，積分には $x=x_0, y=y_0$ 近傍の位相が緩やかに変化する領域しか寄与しないので，高次の項は完全に無視できる．したがって，物体の直後から式 (2.38) の近似が使えると考えてよい．

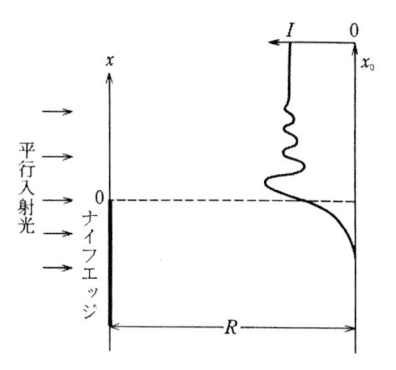

図 2.9 ナイフエッジによるフレネル回折

てみよう（図 2.9）．$x<0$ の領域が遮蔽物であるとする．このときのフレネル回折式は次式のように表される．

$$u_\mathrm{P}(x_0) = \frac{A}{\mathrm{i}\lambda R} \exp(\mathrm{i}kR) \int_0^\infty \exp\left[\mathrm{i}\frac{\pi}{\lambda R}(x-x_0)^2\right] \mathrm{d}x \tag{2.40}$$

ここで，

$$\xi = \sqrt{\frac{2}{\lambda R}}(x-x_0) \tag{2.41}$$

とおいて，式 (2.40) を変形する．

$$u_\mathrm{P}(x_0) = \frac{A}{\mathrm{i}}\sqrt{\frac{1}{2R\lambda}} \exp(\mathrm{i}kR) \int_{\xi'}^\infty \exp\left(\mathrm{i}\frac{\pi}{2}\xi^2\right) \mathrm{d}\xi \tag{2.42}$$

ここで，積分領域の下限 ξ' は

$$\xi' = -\sqrt{\frac{2}{\lambda R}}\, x_0 \tag{2.43}$$

である．

いま

$$C(\xi) = \int_0^\xi \cos\left(\frac{\pi}{2}\xi^2\right) \mathrm{d}\xi \tag{2.44}$$

$$S(\xi) = \int_0^\xi \sin\left(\frac{\pi}{2}\xi^2\right) \mathrm{d}\xi \tag{2.45}$$

とおくと，式 (2.42) は

$$u_\mathrm{P}(x_0) = \frac{A}{\mathrm{i}}\sqrt{\frac{1}{2R\lambda}} \exp(\mathrm{i}kR)\{C(\infty) - C(\xi') + \mathrm{i}[S(\infty) - S(\xi')]\} \tag{2.46}$$

となり，結局，式 (2.44) と式 (2.45) のフレネル積分と呼ばれる積分に帰着される．これらの不定積分は初等関数で表すことができず，したがって，フレネル積分は数値計算で求めなくてはならない．

回折パターンの強度分布は，
$$I_\mathrm{P}(x_0) \propto [C(\infty) - C(\xi')]^2 + [S(\infty) - S(\xi')]^2 \tag{2.47}$$
となる．これを図示すると，図 2.10 が得られる．影の部分にも光が回り込んでおり，また影でない部分には顕著な縞模様が見られる．

図 2.11 には，スリットによるフレネル回折の計算結果を示す．

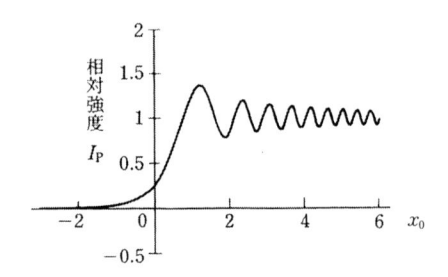

図 2.10 ナイフエッジのフレネル回折像

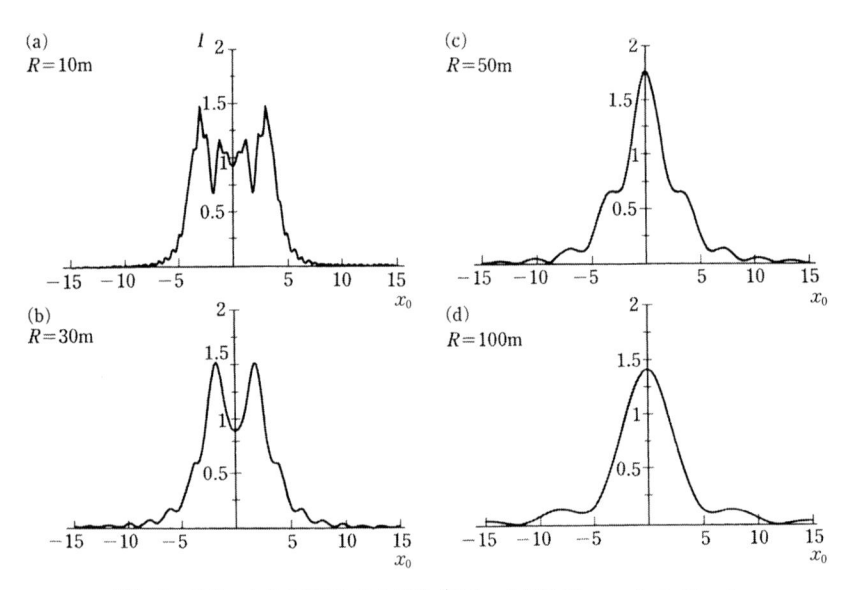

図 2.11 スリットによるフレネル回折（スリット間隔 10 mm，$\lambda = 0.63\ \mu\mathrm{m}$）

2.7 フラウンホーファー回折

式 (2.38) の近似をさらに進めよう.

$$r = R + \frac{1}{2R}[(x^2+y^2)+(x_0{}^2+y_0{}^2)] - \frac{1}{R}(xx_0+yy_0) \tag{2.48}$$

として,x と y の 2 乗の項を無視することにする.

$$r = R - \frac{1}{R}(xx_0+yy_0) + \frac{1}{2R}(x_0{}^2+y_0{}^2) \tag{2.49}$$

このような近似が可能となるには,フレネル回折の場合よりも条件が厳しく

$$\left|\frac{k}{2R}(x^2+y^2)\right| \ll 1 \tag{2.50}$$

つまり,

$$R \gg \frac{\pi}{\lambda}(x^2+y^2) \tag{2.51}$$

が必要である[*5].

このとき,式 (2.49) を式 (2.33) に代入すると,回折式は次のようになる.

$$u_\mathrm{P}(x_0, y_0) = \frac{A}{\mathrm{i}\lambda R}\exp(\mathrm{i}kR)\cdot\exp\left[\mathrm{i}\frac{k}{2R}(x_0{}^2+y_0{}^2)\right]$$
$$\times \iint f(x,y)\exp\left[-\frac{\mathrm{i}k}{R}(xx_0+yy_0)\right]\mathrm{d}x\mathrm{d}y \tag{2.52}$$

ここで

$$\nu_x = \frac{x_0}{\lambda R} \tag{2.53}$$

$$\nu_y = \frac{y_0}{\lambda R} \tag{2.54}$$

とおくと

$$u_\mathrm{P}(\nu_x, \nu_y) = A'\iint_{-\infty}^{\infty} f(x,y)\exp[-\mathrm{i}2\pi(x\nu_x+y\nu_y)]\mathrm{d}x\mathrm{d}y \tag{2.55}$$

が得られる.ただし,

$$A' = \frac{A}{\mathrm{i}\lambda R}\exp(\mathrm{i}kR)\cdot\exp\left[\mathrm{i}\frac{k}{2R}(x_0{}^2+y_0{}^2)\right] \tag{2.56}$$

[*5] この条件は,開口の大きさが幅 1 cm,波長 0.5 μm のとき,$R \gg 1.2$ km である.

式 (2.51) の条件のもとで観測される式 (2.55) の回折をフラウンホーファー回折 (Fraunhoffer diffraction) という．

式 (2.55) の積分はフーリエ積分，あるいはフーリエ変換とも呼ばれる．本書の目的は，このフーリエ変換の物理工学的意味付けにあるので，しばらくは，回折の現象としての式 (2.55) の積分について，いくつかの具体例を含めて考えてみよう．

2.7.1 矩形開口

大きさが $D_x \times D_y$ の矩形開口のフラウンホーファー回折を考えよう．このとき，回折の振幅は，式 (2.52) より，

$$u(x_0, y_0) = A' \int_{-D_x/2}^{D_x/2} \int_{-D_y/2}^{D_y/2} \exp\left[-\mathrm{i}\frac{k}{R}(xx_0 + yy_0)\right] \mathrm{d}x\mathrm{d}y$$

$$= A' D_x D_y \frac{\sin\left(\frac{kD_x}{2R}x_0\right)}{\frac{kD_x}{2R}x_0} \cdot \frac{\sin\left(\frac{kD_y}{2R}y_0\right)}{\frac{kD_y}{2R}y_0} \tag{2.57}$$

となる．また，

$$\mathrm{sinc}(x) = \frac{\sin \pi x}{\pi x} \tag{2.58}$$

とすると，式 (2.57) は次のようになる．

$$u(x_0, y_0) = A' D_x D_y \,\mathrm{sinc}\left(\frac{D_x}{\lambda R}x_0\right) \mathrm{sinc}\left(\frac{D_y}{\lambda R}y_0\right) \tag{2.59}$$

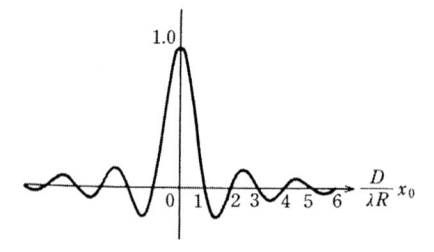

図 2.12 矩形開口のフラウンホーファー回折（振幅分布）

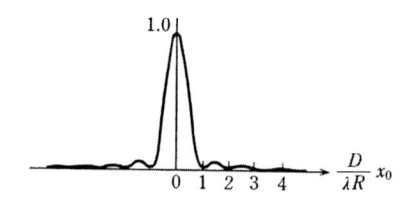

図 2.13 矩形開口のフラウンホーファー回折（強度分布）

したがって，強度分布は，

$$I_0(x_0, y_0) = A'^2 D_x{}^2 D_y{}^2 \operatorname{sinc}^2\!\left(\frac{D_x}{\lambda R}x_0\right)\operatorname{sinc}^2\!\left(\frac{D_y}{\lambda R}y_0\right) \tag{2.60}$$

で与えられる．矩形開口のフラウンホーファー回折の振幅分布と強度分布（x 軸上の断面）を図 2.12 に，また 2 次元強度分布を図 2.13 に示す．

2.7.2 円形開口

直径が D の円形開口の場合には，式 (2.52) を極座標

$$\left.\begin{array}{l} x = \rho \cos\theta, \quad y = \rho \sin\theta \\ x_0 = w \cos\phi, \quad y_0 = w \sin\phi \end{array}\right\} \tag{2.61}$$

で書き換えて，

$$u(w, \phi) = A' \int_0^{D/2} \int_0^{2\pi} \exp\!\left[-\mathrm{i}\frac{k}{R}\rho w \cos(\theta-\phi)\right]\rho\,\mathrm{d}\rho\,\mathrm{d}\theta \tag{2.62}$$

ここで，n 次の第 1 種ベッセル関数 $J_n(x)$ の公式

$$J_n(x) = \frac{i^{-n}}{2\pi}\int_0^{2\pi} \exp(\mathrm{i}x\cos\alpha)\cdot\exp(\mathrm{i}n\alpha)\,\mathrm{d}\alpha$$

を用いると，式 (2.62) は次のように書ける．

$$u(w) = 2\pi A' \int_0^{D/2} J_0\!\left(\frac{k}{R}\rho w\right)\rho\,\mathrm{d}\rho \tag{2.63}$$

また，

$$\frac{\mathrm{d}}{\mathrm{d}x}[x^{n+1}J_{n+1}(x)] = x^{n+1}J_n(x) \tag{2.64}$$

であるので，式 (2.62) は次のようにも書ける．

$$u(w) = \pi A'\left(\frac{D}{2}\right)^2 \cdot \frac{2J_1\!\left(\frac{kD}{2R}w\right)}{\frac{kD}{2R}w} \tag{2.65}$$

したがって，回折像の強度分布は，

$$I(w) = I_0 \left[\frac{2J_1\!\left(\frac{kD}{2R}w\right)}{\frac{kD}{2R}w}\right]^2 \tag{2.66}$$

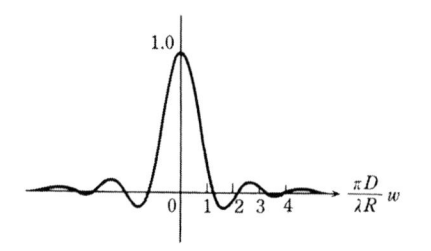

図 2.14 円形開口のフラウンホーファー回折
(振幅分布)

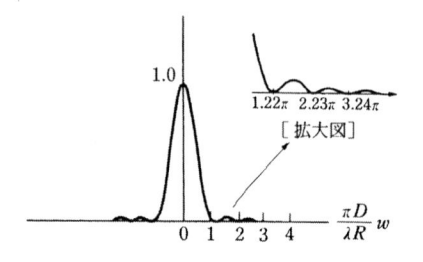

図 2.15 円形開口のフラウンホーファー回折
(強度分布)

となる.ただし,

$$I_0 = \frac{\pi^2 A'^2 D^4}{16} \tag{2.67}$$

回折像の振幅分布と強度分布の断面を,それぞれ,図 2.14 と図 2.15 に示す. $kDw/2R = 1.22\pi, 2.233\pi, 3.238\pi$ のとき極小値 0 をとる.また,第 2 の極大は, $kDw/2R = 1.635\pi$ のときであり,ここでは $I/I_0 = 0.0175$ である.これからも明らかなように,回折像のエネルギーは,中心の円盤状の領域に集中している.この円盤をエアリ(Airy)の円盤という.第 1 暗輪の半径 Δw で回折像の大きさを表すと,

$$\Delta w = 1.22 \frac{\lambda R}{D} \tag{2.68}$$

の関係がある.

2.7.3 回 折 格 子

幅 d の同じスリットが N 本,平行で,かつ等間隔に並んでいる場合のフラウンホーファー回折を考えよう.これは一種の回折格子である.図 2.16 のように座標系をとり,スリットの間隔を a としよう.n 番目のスリットからの回折波の振幅は式 (2.55) より次のように書ける.

$$\begin{aligned} u_n(\nu_x) &= A' \int_{an-d/2}^{an+d/2} \exp(-\mathrm{i}2\pi x \nu_x) \mathrm{d}x \\ &= A' \exp(-\mathrm{i}2\pi a n \nu_x) \int_{-d/2}^{d/2} \exp(-\mathrm{i}2\pi x \nu_x) \mathrm{d}x \\ &= A' \exp(-\mathrm{i}2\pi a n \nu_x) u_0(\nu_x) \end{aligned} \tag{2.69}$$

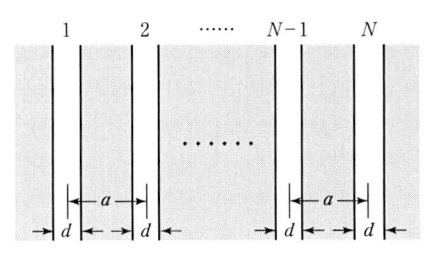

図 2.16　回折格子

ただし,
$$u_0(\nu_x) = \int_{-d/2}^{d/2} \exp(-\mathrm{i}2\pi x \nu_x) \mathrm{d}x$$
$$= d\,\mathrm{sinc}\,(d\nu_x) \tag{2.70}$$

したがって, 全体の回折波は次のようになる.

$$u(\nu_x) = \sum_{n=0}^{N-1} u_n(\nu_x)$$
$$= A' u_0(\nu_x) \frac{1-\exp(-\mathrm{i}2\pi a N \nu_x)}{1-\exp(-\mathrm{i}2\pi a \nu_x)} \tag{2.71}$$

これは, 単一のスリットからの回折を N 個足し合わせたものである. このときの強度分布は,

$$I(\nu) = I_0 \,\mathrm{sinc}^2(d\nu_x) \frac{1-\cos(2\pi a N \nu_x)}{1-\cos(2\pi a \nu_x)}$$
$$= I_0 \,\mathrm{sinc}^2(d\nu_x) \cdot U(\nu_x) \tag{2.72}$$

ただし,
$$I_0 = A'^2 d^2 \tag{2.73}$$
$$U(\nu_x) = \left[\frac{\sin(\pi a N \nu_x)}{\sin(\pi a \nu_x)}\right]^2 \tag{2.74}$$

したがって, 回折像は単一のスリットからの寄与 (2.70) と, N 個のスリットによる因子 (2.74) を掛けたものであることがわかる. この因子は,

$$\pi a \nu_x = \pi n \quad (n\text{ は整数}) \tag{2.75}$$

のとき極大値 N^2 をとり,

$$\pi a N \nu_x = \pi m \quad (m\text{ は, } N \text{ の倍数を除く整数})$$

のとき極小値 0 をとる. したがって, これは図 2.17(a) のように鋭いピーク

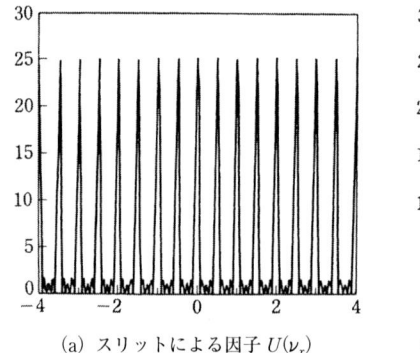

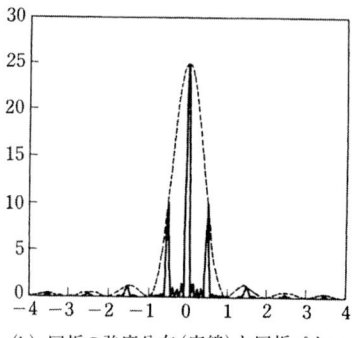

(a) スリットによる因子 $U(\nu_x)$ (b) 回折の強度分布（実線）と回折パターンの包絡線（点線）

図 2.17 回折格子の回折

列となる．

図 2.17(b) に計算例を示す．回折パターンは多くの回折スポットから成ることがわかる．光軸上のスポットに対応するものを 0 次回折，その外側にあるスポットを順次 ±1, ±2 次回折などと呼ぶ．スリットの数 N が多くなると，回折光ピーク幅が狭くなることがわかる．また，スリットの幅を狭めると，回折パターンの包絡線（単スリットの回折パターン）の幅が広くなる．

問　題

2.1 周波数の異なる 2 つの光波が干渉したとき，どのような現象がおこるか説明せよ．

2.2 幅 D のスリットが 2 つ，距離 l だけ離れて置かれている．波長 λ の単色光によるフラウンホーファー回折像を計算せよ．ただし，$D < l$．

2.3 外径 D_1，内径 D_2 の円環状開口を波長 λ の単色光で照明した場合のフラウンホーファー回折像を計算せよ．

2.4 次頁の問 2.4 図のように，形が $f(x, y)$ である開口が 2 次元格子状に $(2M+1) \times (2N+1)$ 個並んでいる．この場合のフラウンホーファー回折像を求めよ．ただし，x 方向と y 方向の格子間隔（開口間隔）をそれぞれ a, b とせよ．

また，開口がまったくランダムな位置にあるときのフラウンホーファー回折はどうなるか．

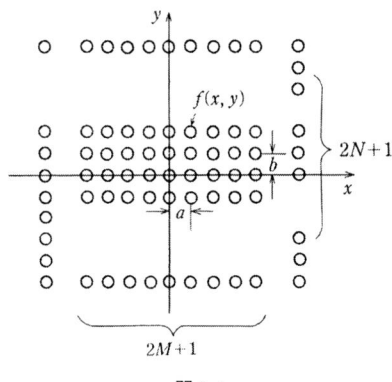

問 2.4

参 考 図 書

(＊入門書として適当)

辻内順平：光学概論，朝倉書店 (1979)，第 3 章，第 4 章．
＊櫛田孝司：光物理学，共立出版 (1983)，第 3 章，第 4 章．
＊谷田貝豊彦：応用光学 —— 光計測入門，第 2 版，丸善 (2005)，第 1 章．
＊鶴田匡夫：応用光学，培風館 (1990)，第 3 章，第 4 章．
大津元一，田所利康：光学入門，朝倉書店 (2008)．
＊谷田貝豊彦：例題で学ぶ光学入門，森北出版 (2010)，第 7 章．
M. Born and E. Wolf：Principles of Optics, Pergamon Press (1964), Chapter 7, 8. (草川徹，横田英嗣訳：光学原理，東海大学出版会，1975).
E. Hecht：Optics, Addison Wesley, 4th ed., (2002), Chapter 9, 10. (尾崎義治，朝倉利光訳：ヘクト光学 I, II, III, 丸善，2002〜2003)
R. Guenther：Mordern Optics, John Wiley & Sons, New York (1990).
K. D. Möller：Optics, University Science Books (1988), Chapter, 2, 3.

3
フーリエ変換とコンボリューション

　理工学の多くの分野における問題を解析する手段の1つとして，フーリエ変換はきわめて重要な位置をしめている．これは，フーリエ変換が非常に普遍的な手段であり，種々の問題を広い視野から統一的に解析し理解することを可能としているからにほかならない．

　ここでは，まずフーリエ級数の概念を述べ，これを拡張して，フーリエ変換を導入する．数学的な厳密性を追求せずに，光学的な応用の観点から，フーリエ変換の概念を直感的に理解することに重点をおく．そのため，種々の関数とそのフーリエ変換を同時に眺めることができるよう工夫した．続いて，システム解析で重要な概念であるコンボリューション積分，相関関数および，そのフーリエ変換の性質について述べる．連続信号を離散信号に変換するために，標本化定理の説明も行う．本書における数学的な準備はこれで整うことになる．

3.1 フーリエ級数

　正弦関数 $\cos\left(2\pi\frac{n}{T}x + \phi_n\right)$，$(n = 0, 1, 2, \cdots)$ に重み A_n を付けた和

$$f(x) = \sum_{n=0}^{\infty} A_n \cos\left(2\pi\frac{n}{T}x + \phi_n\right) \tag{3.1}$$

をフーリエ級数（Fourier series）という．対称性をよくするために，式 (3.1) は

$$f(x) = \frac{a_0}{2} + \sum_{n=1}^{\infty}\left[a_n \cos\left(2\pi\frac{n}{T}x\right) + b_n \sin\left(2\pi\frac{n}{T}x\right)\right] \tag{3.2}$$

と書くことが多い．ただし，

$$a_0 = 2A_0 \cos \phi_0 \tag{3.3}$$

$$a_n = A_n \cos \phi_n \tag{3.4}$$

$$b_n = -A_n \sin \phi_n \tag{3.5}$$

式 (3.1),(3.2) の右辺はすべて周期をもつ周期関数であるので,$f(x)$ も同じ周期をもつ周期関数であることがわかる.

式 (1.48) の説明で,フーリエ級数は,関数 $f(x)$ の正弦関数への分解と解釈できることを述べた.分解の重みは,式 (3.2) では a_n と b_n である.分解係数の大きさは,以下のように簡単に求めることができる.まず,式 (3.2) の両辺に $\cos(2\pi mx/T)$ を掛け,周期 $[-T/2, T/2]$ の区間について積分する.

$$\begin{aligned}\int_{-T/2}^{T/2} f(x) \cos\left(2\pi \frac{m}{T}x\right) \mathrm{d}x &= \int_{-T/2}^{T/2} \frac{a_0}{2} \cos\left(2\pi \frac{m}{T}x\right) \mathrm{d}x \\ &+ \sum_{n=1}^{\infty} a_n \int_{-T/2}^{T/2} \cos\left(2\pi \frac{n}{T}x\right) \cdot \cos\left(2\pi \frac{m}{T}x\right) \mathrm{d}x \\ &+ \sum_{n=1}^{\infty} b_n \int_{-T/2}^{T/2} \sin\left(2\pi \frac{n}{T}x\right) \cdot \cos\left(2\pi \frac{m}{T}x\right) \mathrm{d}x \end{aligned} \tag{3.6}$$

ここで,

$$\int_{-T/2}^{T/2} \cos\left(2\pi \frac{n}{T}x\right) \cdot \cos\left(2\pi \frac{m}{T}x\right) \mathrm{d}x = \begin{cases} T/2 & (n=m) \\ 0 & (n \neq m) \end{cases} \tag{3.7}$$

$$\int_{-T/2}^{T/2} \sin\left(2\pi \frac{n}{T}x\right) \cdot \cos\left(2\pi \frac{m}{T}x\right) \mathrm{d}x = 0 \tag{3.8}$$

の関係があるので,式 (3.6) は次のようになる.

$$a_n = \frac{2}{T} \int_{-T/2}^{T/2} f(x) \cos\left(2\pi \frac{n}{T}x\right) \mathrm{d}x \qquad (n=0, 1, 2, \cdots) \tag{3.9}$$

同じく,式 (3.2) の両辺に $\sin(2\pi mx/T)$ を掛けて,$[-T/2, T/2]$ を区間積分すれば,

$$b_n = \frac{2}{T} \int_{-T/2}^{T/2} f(x) \sin\left(2\pi \frac{n}{T}x\right) \mathrm{d}x \qquad (n=1, 2, \cdots) \tag{3.10}$$

が得られる.ここでは,式 (3.8) と

$$\int_{-T/2}^{T/2} \sin\left(2\pi \frac{n}{T}x\right) \cdot \sin\left(2\pi \frac{m}{T}x\right) \mathrm{d}x = \begin{cases} T/2 & (n=m) \\ 0 & (n \neq m) \end{cases} \tag{3.11}$$

の関係を用いた.

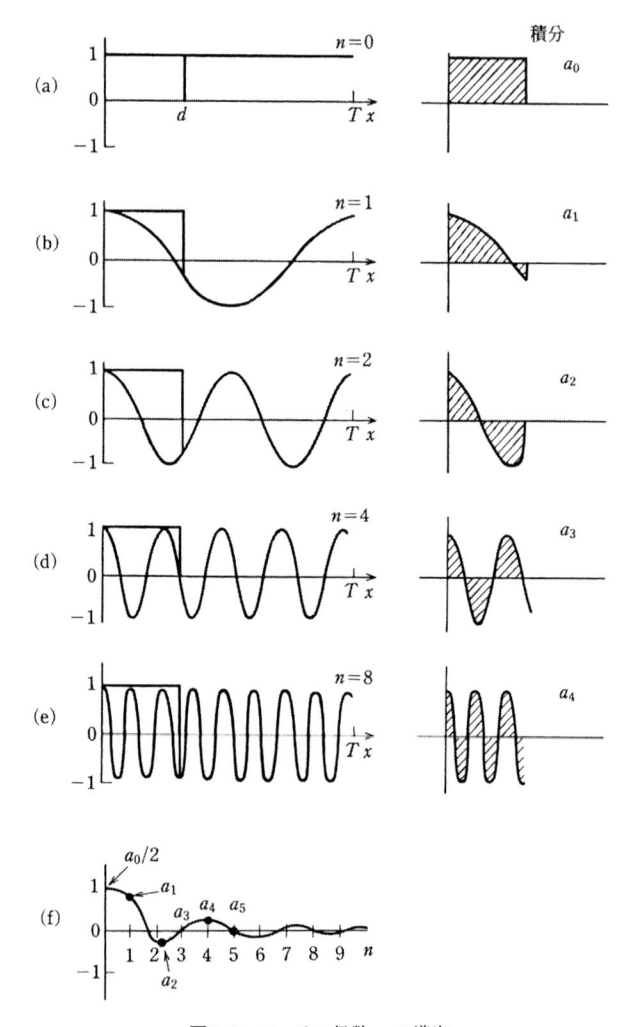

図 3.1 フーリエ級数 a_n の導出

幅 d の矩形関数のフーリエ係数を求める過程を図 3.1 に示す．この図からわかるように，各係数は，関数 $f(x)$ の中にどの程度三角関数 $\cos(2\pi nx/T)$, $\sin(2\pi x/T)$ の成分が含まれているかを表している．

$\cos(2\pi x/T)$ は長さ T に周期が 1 つ，$\cos(2\pi 2x/T)$ は周期が 2 つ，一般に $\cos(2\pi nx/T)$ は周期を n 含むから，n を周波数と呼ぶことができる．これは

波動の周波数の定義（1.16）と一致する．そして，係数 a_n, b_n はこの周波数成分の大きさであり，これはスペクトルと呼ばれている．したがって，周期関数 $f(x)$ のスペクトルは，とびとびの周波数 n（n は整数であるから）の集合であるといえる．

波動を複素表示したように，フーリエ級数も複素表示すると都合がよいことが多い．すなわち，

$$f(x) = \sum_{n=-\infty}^{\infty} c_n \exp\left(\mathrm{i}2\pi \frac{n}{T}x\right) \tag{3.12}$$

ただし，

$$c_0 = \frac{a_0}{2} \tag{3.13}$$

$$c_n = \frac{a_n - \mathrm{i}b_n}{2} \tag{3.14}$$

$$c_{-n} = \frac{a_n + \mathrm{i}b_n}{2} = c_n^* \tag{3.15}$$

ただし，c^* は c の複素共役．また，式（3.9），（3.10）より

$$c_n = c_{-n}^* = \frac{1}{T}\int_{-T/2}^{T/2} f(x) \exp\left(-\mathrm{i}2\pi \frac{n}{T}x\right) \mathrm{d}x \tag{3.16}$$

である．

図 3.2 に示した周期 T の関数のフーリエ級数を計算してみよう．この関数は

$$f(x) = \begin{cases} -1 & (-T/2 \leqq x < 0) \\ 1 & (0 \leqq x < T/2) \end{cases} \tag{3.17}$$

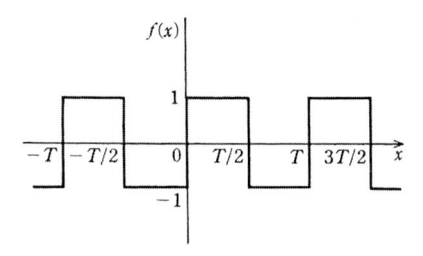

図 3.2 周期関数 $f(x) = \begin{cases} -1 & (-T/2 \leqq x < 0) \\ 1 & (0 \leqq x < T/2) \end{cases}$

であるので，これらを式 (3.9)，(3.10) に代入すると次のようになる．

$$a_n = \frac{2}{T}\left[\int_{-T/2}^{0}(-1)\cos\left(2\pi\frac{n}{T}x\right)dx + \int_{0}^{T/2}(1)\cos\left(2\pi\frac{n}{T}x\right)dx\right] = 0 \quad (3.18)$$

$$b_n = \frac{2}{T}\left[\int_{-T/2}^{0}(-1)\sin\left(2\pi\frac{n}{T}x\right)dx + \int_{0}^{T/2}(1)\sin\left(2\pi\frac{n}{T}x\right)dx\right]$$

$$= \frac{4}{\pi}\cdot\frac{1}{n} \quad (\text{ただし，} n \text{ は奇数}) \quad (3.19)$$

以上のことから次の式が求まる．

$$f(x) = \frac{4}{\pi}\left(\sin\frac{2\pi x}{T} + \frac{1}{3}\sin\frac{6\pi x}{T} + \frac{1}{5}\sin\frac{10\pi x}{T} + \cdots\right) \quad (3.20)$$

図 3.3 に，$n = 5$ までの部分を示した．

図 3.4 に示す関数

$$f(x) = \begin{cases} x+1 & (-T/2 \leqq x < 0) \\ -x+1 & (0 \leqq x < T/2) \end{cases} \quad (3.21)$$

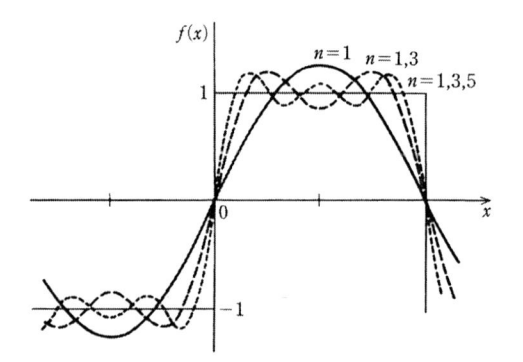

図 3.3 図 3.2 の関数 $f(x)$ のフーリエ級数表現 ($n \leqq 5$)

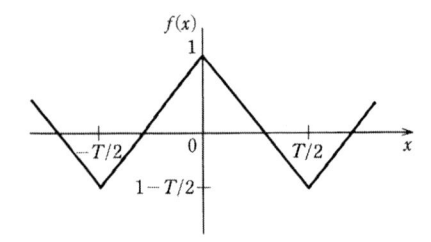

図 3.4 周期関数 $f(x) = \begin{cases} x+1 & (-T/2 \leqq x < 0) \\ -x+1 & (0 \leqq x < T/2) \end{cases}$

のフーリエ級数は，これらを式 (3.9), (3.10) に代入して次のように求まる．

$$a_0 = 2 - \frac{T}{2} \tag{3.22}$$

$$a_n = \frac{T}{\pi^2 n^2}[1-(-1)^n] \tag{3.23}$$

$$b_n = 0 \tag{3.24}$$

したがって，

$$f(x) = \frac{1}{2}\left(2-\frac{T}{2}\right) + \frac{2T}{\pi^2}\left(\cos\frac{2\pi}{T}x + \frac{1}{3^2}\cos\frac{6\pi}{T}x + \frac{1}{5^2}\cos\frac{10\pi}{T}x + \cdots\right) \tag{3.25}$$

表 3.1　代表的周期関数とそのフーリエ級数展開

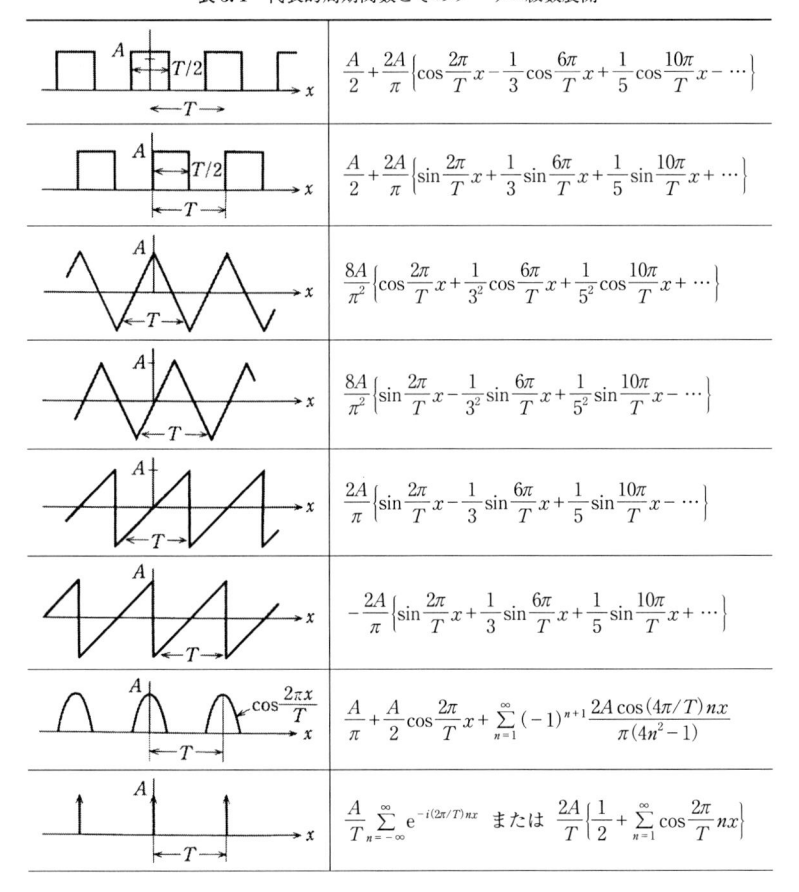

波形	フーリエ級数
矩形波（偶関数）	$\dfrac{A}{2} + \dfrac{2A}{\pi}\left\{\cos\dfrac{2\pi}{T}x - \dfrac{1}{3}\cos\dfrac{6\pi}{T}x + \dfrac{1}{5}\cos\dfrac{10\pi}{T}x - \cdots\right\}$
矩形波（奇関数）	$\dfrac{A}{2} + \dfrac{2A}{\pi}\left\{\sin\dfrac{2\pi}{T}x + \dfrac{1}{3}\sin\dfrac{6\pi}{T}x + \dfrac{1}{5}\sin\dfrac{10\pi}{T}x + \cdots\right\}$
三角波（偶関数）	$\dfrac{8A}{\pi^2}\left\{\cos\dfrac{2\pi}{T}x + \dfrac{1}{3^2}\cos\dfrac{6\pi}{T}x + \dfrac{1}{5^2}\cos\dfrac{10\pi}{T}x + \cdots\right\}$
三角波（奇関数）	$\dfrac{8A}{\pi^2}\left\{\sin\dfrac{2\pi}{T}x - \dfrac{1}{3^2}\sin\dfrac{6\pi}{T}x + \dfrac{1}{5^2}\sin\dfrac{10\pi}{T}x - \cdots\right\}$
のこぎり波	$\dfrac{2A}{\pi}\left\{\sin\dfrac{2\pi}{T}x - \dfrac{1}{3}\sin\dfrac{6\pi}{T}x + \dfrac{1}{5}\sin\dfrac{10\pi}{T}x - \cdots\right\}$
のこぎり波（逆）	$-\dfrac{2A}{\pi}\left\{\sin\dfrac{2\pi}{T}x + \dfrac{1}{3}\sin\dfrac{6\pi}{T}x + \dfrac{1}{5}\sin\dfrac{10\pi}{T}x + \cdots\right\}$
全波整流 $\cos\dfrac{2\pi x}{T}$	$\dfrac{A}{\pi} + \dfrac{A}{2}\cos\dfrac{2\pi}{T}x + \sum_{n=1}^{\infty}(-1)^{n+1}\dfrac{2A\cos(4\pi/T)nx}{\pi(4n^2-1)}$
インパルス列	$\dfrac{A}{T}\sum_{n=-\infty}^{\infty}\mathrm{e}^{-i(2\pi/T)nx}$　または　$\dfrac{2A}{T}\left\{\dfrac{1}{2} + \sum_{n=1}^{\infty}\cos\dfrac{2\pi}{T}nx\right\}$

代表的な周期関数のフーリエ級数を表3.1に示す.

式（3.20）と式（3.25）の例では，a_n, b_n のいずれかが0になった．これは，もとの関数 $f(x)$ が偶関数であるか，奇関数であるかによる．ここで，偶関数とは任意の x に対して $f(x) = f(-x)$，奇関数とは $f(x) = -f(-x)$ の性質をもつ関数であることを思いおこそう．a_n はもともと関数 $f(x)$ の cos 成分（偶関数であることに注意）を，b_n は sin 成分（奇関数）を表していることに注意すれば，$f(x)$ が偶関数のときには $b_n = 0$，奇関数のときには $a_n = 0$ であることは容易に理解できる．

一般に，関数 $f(x)$ は，偶関数成分 $f_e(x)$ と奇関数成分 $f_o(x)$ に分解できる．すなわち，

$$f_e(x) = \frac{f(x) + f(-x)}{2} \tag{3.26}$$

$$f_o(x) = \frac{f(x) - f(-x)}{2} \tag{3.27}$$

もちろん，

$$f(x) = f_e(x) + f_o(x) \tag{3.28}$$

である．このとき，

$$a_n = \frac{4}{T} \int_0^{T/2} f_e(x) \cos\left(\frac{2\pi n}{T} x\right) dx \tag{3.29}$$

$$b_n = \frac{4}{T} \int_0^{T/2} f_o(x) \sin\left(\frac{2\pi n}{T} x\right) dx \tag{3.30}$$

である．

フーリエ級数は，任意の関数 $f(x)$ に対していつも存在するわけではない．少なくとも，$f(x)$ は区間 $[-T/2, T/2]$ で有界で，積分可能でなくてはならない．

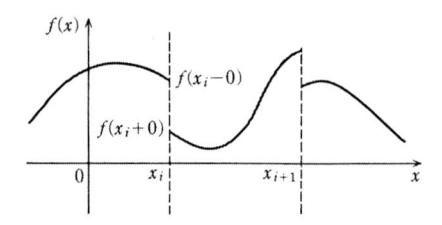

図3.5 区分的になめらかな関数

しかし,連続である必要はない.図3.5に示すように,$f(x)$とその導関数$f'(x)$が有限個の不連続点を除いて連続のとき,$f(x)$は区分的になめらかであるという.区分的になめらかな関数$f(x)$が$x=x_1$で不連続のとき,フーリエ級数は,その前後の収束値$f(x_1-0)$と$f(x_1+0)$の平均値

$$\frac{1}{2}[f(x_1-0)+f(x_1+0)] \tag{3.31}$$

に収束することが証明されている.

3.2 最良多項式近似

周期Tの周期関数$f(x)$を考えよう.この関数$f(x)$を,N次の三角関数の多項式

$$P_N(x)=\frac{\alpha_0}{2}+\sum_{n=1}^{N}\left[\alpha_n\cos\left(\frac{2\pi nx}{T}\right)+\beta_n\sin\left(\frac{2\pi nx}{T}\right)\right] \tag{3.32}$$

で近似するとしよう.近似の良さを評価するために,平均2乗誤差を導入しよう.すなわち,

$$Q_N=\frac{1}{T}\int_{-T/2}^{T/2}\left[f(x)-P_N(x)\right]^2 dx \tag{3.33}$$

を最小にするα_n, β_nを見つければよい.このような問題を最良多項式近似の問題という.まず,

$$Q_N=\frac{1}{T}\int_{-T/2}^{T/2}f^2(x)dx-\frac{2}{T}\int_{-T/2}^{T/2}f(x)P_N(x)dx+\frac{1}{T}\int_{-T/2}^{T/2}P_N^2(x)dx \tag{3.34}$$

と展開して,式 (3.32) を代入すると次のようになる.

$$\begin{aligned}Q_N=&\frac{1}{T}\int_{-T/2}^{T/2}f^2(x)dx-\frac{2}{T}\Bigg\{\frac{\alpha_0}{2}\int_{-T/2}^{T/2}f(x)dx+\sum_{n=1}^{N}\Bigg[\alpha_n\int_{-T/2}^{T/2}f(x)\cos\frac{2\pi nx}{T}dx\\ &+\beta_n\int_{-T/2}^{T/2}f(x)\sin\frac{2\pi nx}{T}dx\Bigg]\Bigg\}+\frac{1}{T}\int_{-T/2}^{T/2}\frac{\alpha_0^2}{4}dx\\ &+\frac{\alpha_0}{T}\sum_{n=1}^{N}\Bigg[\int_{-T/2}^{T/2}\Big(\alpha_n\cos\frac{2\pi nx}{T}+\beta_n\sin\frac{2\pi nx}{T}\Big)dx\Bigg]\\ &+\frac{1}{T}\int_{-T/2}^{T/2}\Bigg[\sum_{n=1}^{N}\Big(\alpha_n\cos\frac{2\pi nx}{T}+\beta_n\sin\frac{2\pi nx}{T}\Big)\Bigg]^2 dx\end{aligned} \tag{3.35}$$

したがって,Q_Nを最小にする$\alpha_0, \alpha_n, \beta_n$は,$\partial Q_N/\partial\alpha_0=0$, $\partial Q_N/\partial\alpha_n=0$ と

$\partial Q_N/\partial \beta_n = 0$ より，それぞれ

$$\alpha_0 = \frac{2}{T}\int_{-T/2}^{T/2} f(x)\,\mathrm{d}x \tag{3.36}$$

$$\alpha_n = \frac{2}{T}\int_{-T/2}^{T/2} f(x)\cos\left(\frac{2\pi nx}{T}\right)\mathrm{d}x \tag{3.37}$$

$$\beta_n = \frac{2}{T}\int_{-T/2}^{T/2} f(x)\sin\left(\frac{2\pi nx}{T}\right)\mathrm{d}x \tag{3.38}$$

を得る．すなわち，式 (3.9) と式 (3.10) とを比較すると，α_n と β_n がフーリエ係数に一致するとき，最良の近似を与えることがわかる．

以上のことから，周期関数 $f(x)$ を N 次の三角関数多項式 $P_N(x)$ で近似するとき，関数 $f(x)$ のフーリエ係数が最良多項式の係数を与えることがわかる．フーリエ級数の第 N 項までの和が最良多項式になっているわけである．

ここで，最良多項式の係数 α_n, β_n は多項式の次数 N をいくつにとるかに関係なく，一義的に定まることに注意しよう．したがって，多項式の次数を上げて，例えば $N+1$ にしたとき，すでに計算してある N 次までの係数 α_n, β_n がそのまま使える．このような性質を，フーリエ級数の最終性と呼んでいる．

3.3　正規直交関数列

さて，複素フーリエ級数式 (3.12) と式 (3.16) において，係数 c_n はもちろん式 (3.16) の積分により計算できるが，指数関数列の性質

$$\frac{1}{T}\int_{-T/2}^{T/2}\exp\left(-\mathrm{i}\frac{2\pi nx}{T}\right)\cdot\exp\left(\mathrm{i}\frac{2\pi mx}{T}\right)\mathrm{d}x = \delta_{n,m} \tag{3.39}$$

を利用すると，直接的に式 (3.12) から c_n を求めることができる．ただし，$\delta_{n,m}$ はクロネッカのデルタである．すなわち，式 (3.12) の両辺に，$\exp(-\mathrm{i}2\pi nx/T)$ を掛けて $[-T/2, T/2]$ の区間にわたって積分すればよい．このようなことが可能になるためには，式 (3.39) の性質が必要である．$\exp(\mathrm{i}2\pi nx/T)$ (n は整数) で展開した関数列はこの性質をもっていたのである．この性質を直交性 (orthogonal) という．正しくは，関数列 $\exp(\mathrm{i}2\pi nx/T)$ は区間 $[-T/2, T/2]$ で直交しているという．

一般に，関数列 $\{f_n(x)\}$ を考え，2つの関数の内積を

$$(f_n, f_m) = \int_{-T/2}^{T/2} f_n(x) \cdot f_m^*(x) \, \mathrm{d}x \tag{3.40}$$

で定義したとき，

$$(f_n, f_m) = \delta_{n,m} \tag{3.41}$$

が成立すれば，f_n と f_m は直交しているといい，$\{f_n(x)\}$ は直交関数（列）であるという．

また，関数のノルムを

$$\|f\| = (f, f)^{1/2} \tag{3.42}$$

で定義し，関数 $f(x)$ のノルムが 1 になるように適当な係数を掛けることを，正規化あるいは規格化（normalization）という．正規化された直交関数列を正規直交関数（列）という．次の関数列は正規直交関数列であることは容易にわかるであろう．

$$\sqrt{\frac{1}{T}} \exp\left(\mathrm{i}\frac{2\pi n x}{T}\right), \quad n = 0, \pm 1, \pm 2, \cdots \tag{3.43}$$

式 (3.7)，(3.8)，(3.11) は式 (3.39) に相当し，したがって，

$$\left.\begin{array}{l} \sqrt{\dfrac{2}{T}} \cos\left(\dfrac{2\pi n x}{T}\right), \quad n = 0, 1, 2, 3, \cdots \\[2mm] \sqrt{\dfrac{2}{T}} \sin\left(\dfrac{2\pi n x}{T}\right), \quad n = 1, 2, 3, \cdots \end{array}\right\} \tag{3.44}$$

も正規直交関数列であることがわかる．

3.4　フーリエ変換

周期関数は，フーリエ級数展開により三角関数の和として表すことができたが，非周期関数に対してはどうであろうか．実は，非周期関数にも同様の"展開"が可能である．これがフーリエ変換（Fourier transform）と呼ばれているものである．この拡張は簡単である．図 3.6 に示すように，周期関数の周期 T を $T \to \infty$ とした極限は非周期関数であることに注目すればよい．式 (3.12) と同様に，周期 T をもつ周期関数 $f(x)$ を複素フーリエ展開したとしよう．

$$f(x) = \sum_{n=-\infty}^{\infty} c_n \exp\left(\mathrm{i}\frac{2\pi n x}{T}\right) \tag{3.45}$$

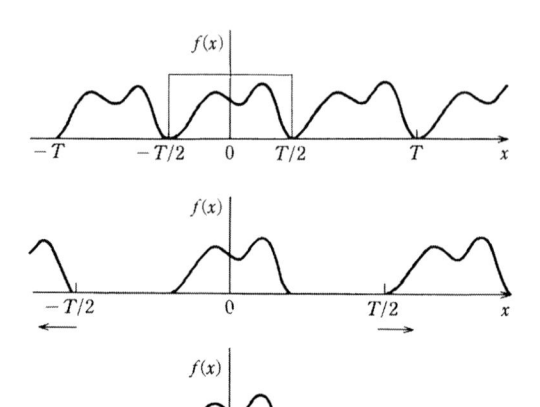

図 3.6 周期関数の非周期関数への拡張

$$c_n = \frac{1}{T}\int_{-T/2}^{T/2} f(x) \exp\left(-i\frac{2\pi nx}{T}\right) dx \tag{3.46}$$

ここで c_n を n に関する関数とみなし，c_n のかわりに

$$F(n) = Tc_n \tag{3.47}$$

と書くことにしよう．したがって，式 (3.45) と式 (3.46) は

$$f(x) = \sum_{n=-\infty}^{\infty} \frac{1}{T} F(n) \exp\left(i\frac{2\pi nx}{T}\right) \tag{3.48}$$

$$F(n) = \int_{-T/2}^{T/2} f(x) \exp\left(-i\frac{2\pi nx}{T}\right) dx \tag{3.49}$$

となる．ここで $T \to \infty$ の極限を考えよう．今までは，フーリエ係数 $F(n)$ は $1/T$ 間隔でとびとびに値をもっていた．すなわち，

$$\nu_n = n/T \tag{3.50}$$

で値をもっていた．しかし，$T \to \infty$ では，ν_n は連続的に変化することになり，すべての実数値をとることになる．したがって，ν_n のかわりに実変数 ν を用いなければならない．このとき，式 (3.49) は次のようになる．

$$F(\nu) = \int_{-\infty}^{\infty} f(x) \exp(-i2\pi\nu x) dx \tag{3.51}$$

同様に，式 (3.48) に対しても，$T \to \infty$ の極限では和は積分で表される．

$$f(x) = \int_{-\infty}^{\infty} F(\nu) \exp(\mathrm{i}2\pi\nu x)\,\mathrm{d}\nu \tag{3.52}$$

ここで，関数 $F(\nu)$ を関数 $f(x)$ のフーリエ変換，$f(x)$ を $F(\nu)$ のフーリエ逆変換という．また，$f(x)$ と $F(\nu)$ は互いにフーリエ変換対（ペア）の関係にあるといい，

$$f(x) \Leftrightarrow F(\nu) \tag{3.53}$$

と表すこともある．フーリエ変換を写像 $\mathscr{F}$ で表すと

$$\mathscr{F}[f(x)] = F(\nu) \tag{3.54}$$

と書ける．$\mathscr{F}$ の逆写像を $\mathscr{F}^{-1}$ と書くと，フーリエ逆変換は

$$\mathscr{F}^{-1}[F(\nu)] = f(x) \tag{3.55}$$

である．また，

$$\mathscr{F}^{-1}\mathscr{F}[f(x)] = \mathscr{F}\mathscr{F}^{-1}[f(x)] = f(x) \tag{3.56}$$

である．

  [**注意**]　フーリエ変換の定義として，角周波数 $\omega = 2\pi\nu$ を用いて，

$$F(\omega) = \int_{-\infty}^{\infty} f(x) \exp(-\mathrm{i}\omega x)\,\mathrm{d}x \tag{3.57}$$

をとることがある．この場合には逆変換は次のようになる．

$$f(x) = \frac{1}{2\pi}\int_{-\infty}^{\infty} F(\omega) \exp(\mathrm{i}\omega x)\,\mathrm{d}\omega \tag{3.58}$$

同じく，指数の符号を逆にして，次のように定義することもある．

$$F(\omega) = \int_{-\infty}^{\infty} f(x) \exp(\mathrm{i}\omega x)\,\mathrm{d}x \tag{3.59}$$

$$f(x) = \frac{1}{2\pi}\int_{-\infty}^{\infty} F(\omega) \exp(-\mathrm{i}\omega x)\,\mathrm{d}\omega \tag{3.60}$$

数学の分野では，フーリエ変換対として，

$$F(\omega) = \frac{1}{\sqrt{2\pi}}\int_{-\infty}^{\infty} f(x) \exp(-\mathrm{i}\omega x)\,\mathrm{d}x \tag{3.61}$$

$$f(x) = \frac{1}{\sqrt{2\pi}}\int_{-\infty}^{\infty} F(\omega) \exp(\mathrm{i}\omega x)\,\mathrm{d}\omega \tag{3.62}$$

をとることも多い．どの形式をとってもよいが，学問分野，著書によって定義が異なることがあるので，混同して用いてはいけない．

3.5 フーリエ変換の性質

ここでしばらく，フーリエ変換の一般的な性質を調べてみよう．

(1) 対称性（偶関数，奇関数）　フーリエ変換される関数が，原点に対していろいろな対称性（例えば偶関数）をもっていると，そのフーリエ変換の形をあらかじめ予測することができる．

例えば，関数 $F(x)$ が実関数の場合を考えよう．式 (3.26) と式 (3.27) のように，この関数を偶関数 f_e と奇関数 f_o に分けて考えることにする．すなわち，

$$\begin{aligned} F(\nu) &= \int_{-\infty}^{\infty} (f_e(x) + f_o(x)) \exp(-i2\pi\nu x) \, dx \\ &= 2\left[\int_0^{\infty} f_e(x) \cos(2\pi\nu x) \, dx - i\int_0^{\infty} f_o(x) \sin(2\pi\nu x) \, dx\right] \\ &= F_e(\nu) + iF_o(\nu) \end{aligned} \quad (3.63)$$

となる．ただし，

$$F_e(\nu) = 2\int_0^{\infty} f_e(x) \cos(2\pi\nu x) \, dx \quad (3.64)$$

$$F_o(\nu) = -2\int_0^{\infty} f_o(x) \sin(2\pi\nu x) \, dx \quad (3.65)$$

式 (3.64) と式 (3.65) はフーリエ級数の係数 a_n と b_n に対応しており，それぞれ，フーリエ余弦変換，フーリエ正弦変換と呼ばれている．

以上のことから，実関数のフーリエ変換に対して重要な結果が得られる．す

表 3.2　フーリエ変換の対称性

$f(x)$	$F(\nu)$
複素，非対称	複素，非対称
エルミート性	実，非対称
反エルミート性	虚，非対称
複素，偶関数	複素，偶関数
複素，奇関数	複素，奇関数
実，非対称	エルミート性
実，偶関数	実，偶関数
実，奇関数	虚，奇関数
虚，非対称	反エルミート性
虚，偶関数	虚，偶関数
虚，奇関数	実，奇関数

なわち，実偶関数のフーリエ変換は実関数であり，フーリエ余弦変換で与えられる．また，実奇関数のフーリエ変換は虚関数になり，その大きさはフーリエ正弦変換になる．

さて，周期関数の場合に c_n をスペクトルと呼んだように，$F(\nu)$ をスペクトルと呼ぼう．また，ν を周波数と呼ぼう．ただし，この場合には $f(x)$ は非周期関数なので，ν は n のようにとびとびの整数ではなく，連続した実数であることに注意しよう．

表 3.2 に，入力関数の性質とフーリエ変換の対称性をまとめた．なお，エルミート性とは，実部が偶関数で虚部が奇関数であることであり，反エルミート性とは実部が奇関数で虚部が偶関数であることである．

(2) 線形性（linearity theorem）　フーリエ変換は線形変換であり，重ね合わせの原理が使える．すなわち，

$$\mathscr{F}[a_1 f_1(x) + a_2 f_2(x)] = a_1 \mathscr{F}[f_1(x)] + a_2 \mathscr{F}[f_2(x)] \tag{3.66}$$

(3) 相似則（similarity theorem）　$f(x)$ と $F(\nu)$ がフーリエ変換対であるとき，a を非ゼロの実数として，次のように書ける．

$$\begin{aligned}
\mathscr{F}\left[f\left(\frac{x}{a}\right)\right] &= \int_{-\infty}^{\infty} f\left(\frac{x}{a}\right) \exp(-\mathrm{i} 2\pi \nu x) \, \mathrm{d}x \\
&= |a| \int_{-\infty}^{\infty} f(x) \exp(-\mathrm{i} 2\pi \nu a x) \, \mathrm{d}x \\
&= |a| F(a\nu)
\end{aligned} \tag{3.67}$$

このことは，信号（関数）の広がりが狭い場合には，そのフーリエ変換は広が

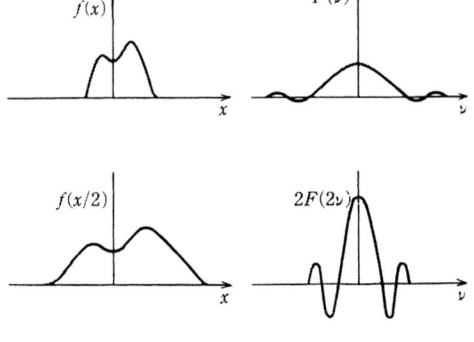

図 3.7　フーリエ変換の相似則

り，逆に，広がった信号のフーリエ変換は狭まることを意味している（図3.7）．

(4) シフト則 (shift theorem)　　信号 $f(x)$ が a だけ横ずれした場合には，

$$\begin{aligned}
\mathscr{F}[f(x-a)] &= \int_{-\infty}^{\infty} f(x-a)\exp(-\mathrm{i}2\pi\nu x)\,\mathrm{d}x \\
&= \int_{-\infty}^{\infty} f(x)\exp[-\mathrm{i}2\pi(x+a)\nu]\,\mathrm{d}x \\
&= \exp(-\mathrm{i}2\pi a\nu)F(\nu)
\end{aligned} \quad (3.68)$$

となり，横ずらし前の信号に対するフーリエ変換 $F(\nu)$ に，線形的に位相が変化する指数関数を掛けたものになる．

また，信号 $f(x)$ が実関数であるときには，次のようになる．

$$\begin{aligned}
F(\nu) &= \int_{-\infty}^{\infty} f(x)\exp(-\mathrm{i}2\pi\nu x)\,\mathrm{d}x \\
&= \int_{-\infty}^{\infty} f(x)\cos(2\pi\nu x) - \mathrm{i}\int_{-\infty}^{\infty} f(x)\sin(2\pi\nu x)\,\mathrm{d}x
\end{aligned} \quad (3.69)$$

したがって，

$$\mathrm{Re}[F(\nu)] = \int_{-\infty}^{\infty} f(x)\cos(2\pi\nu x)\,\mathrm{d}x \quad (3.70)$$

$$\mathrm{Im}[F(\nu)] = -\int_{-\infty}^{\infty} f(x)\sin(2\pi\nu x)\,\mathrm{d}x \quad (3.71)$$

以上のようなフーリエ変換の性質をまとめたものが表3.3である．

表 3.3 フーリエ変換の性質

$f(x) = \int_{-\infty}^{\infty} F(\nu)\exp(\mathrm{i}2\pi\nu x)\,\mathrm{d}\nu$	$F(\nu) = \int_{-\infty}^{\infty} f(x)\exp(-\mathrm{i}2\pi\nu x)\,\mathrm{d}x$
$f(\pm x)$	$F(\pm \nu)$
$f^*(\pm x)$	$F^*(\mp \nu)$
$F(\pm x)$	$f(\mp \nu)$
$F^*(\pm x)$	$f^*(\pm \nu)$
$f(ax)$	$\dfrac{1}{|a|}F\left(\dfrac{\nu}{a}\right)$
$f(x \pm x_0)$	$F(\nu)\exp(\pm \mathrm{i}2\pi x_0 \nu)$
$f(x)\exp(\pm \mathrm{i}2\pi\nu_0 x)$	$F(\nu \mp \nu_0)$
$f(x)\cos(2\pi\nu_0 x)$	$\dfrac{1}{2}[F(\nu+\nu_0) + F(\nu-\nu_0)]$
$f(x)\sin(2\pi\nu_0 x)$	$\dfrac{\mathrm{i}}{2}[F(\nu+\nu_0) - F(\nu-\nu_0)]$
$\dfrac{\partial^n f}{\partial x^n}$	$(\mathrm{i}2\pi\nu)^n F(\nu)$
$(-\mathrm{i}2\pi x)^n f(x)$	$\dfrac{\mathrm{d}^n F(\nu)}{\mathrm{d}\nu^n}$

3.6 デルタ関数

フーリエ変換のいろいろな応用を考えるときに，インパルスに対応する関数を定義しておくと都合のよいことが多く，インパルス関数としてはいろいろな関数が考えられる．例えば，図3.8に示したような，積分値1のガウス関数の幅 w を無限に狭くしたもの，

$$\delta(x) = \lim_{w \to 0} \frac{1}{w} \exp\left(-\pi \frac{x^2}{w^2}\right) \tag{3.72}$$

が考えられるが，この「関数」は超関数と呼ばれ，厳密な意味での関数ではない．幅を無限に狭くすると原点 $x=0$ で無限大になるが，その積分値は1である性質をもったものと解釈しておこう．すなわち，

$$\int_{-\infty}^{\infty} \delta(x)\,\mathrm{d}x = 1 \tag{3.73}$$

本書では，大きさを無視した点光源，点物体，点像などを表すときにしばしば登場する．これが，ディラック（Dirac）のデルタ関数（delta function）である．

ヘビサイド（Heaviside）の階段関数は

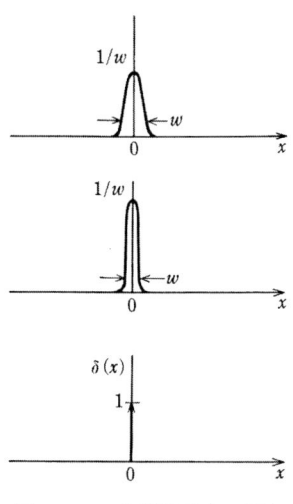

図3.8 デルタ関数 $\delta(x)$ の概念

で定義される．この関数は $x=0$ で微分不可能であるが，形式的な微分 $H'(x)$ はデルタ関数の性質をもっているので，次のように書こう．

$$H'(x) = \delta(x) \tag{3.75}$$

性質の良い関数 $f(x)$ に対しては部分積分により，

$$\begin{aligned}
\int_{-\infty}^{\infty} f(x)\delta(x)\,\mathrm{d}x &= \int_{-\infty}^{\infty} f(x)H'(x)\,\mathrm{d}x \\
&= \left[f(x)H(x)\right]_{-\infty}^{\infty} - \int_{-\infty}^{\infty} f'(x)H(x)\,\mathrm{d}x \\
&= -\int_{-\infty}^{\infty} f'(x)\,\mathrm{d}x = -f(x)\bigg|_0^{\infty} = f(0)
\end{aligned} \tag{3.76}$$

となる．すなわち，デルタ関数は

$$\int_{-\infty}^{\infty} f(x)\delta(x)\,\mathrm{d}x = f(0) \tag{3.77}$$

の性質ももっていることがわかる．逆に，式（3.77）をデルタ関数の定義としてもよい．

さて，デルタ関数は非周期関数であるが，デルタ関数を周期 T で並べたもの

$$\delta_T(x) = \sum_{n=-\infty}^{\infty} \delta(x - nT) \tag{3.78}$$

は周期関数であるので，フーリエ展開できる．フーリエ係数を形式的に求めれば次のようになる．

$$a_0 = \frac{2}{T}\int_{-T/2}^{T/2} \delta_T(x)\,\mathrm{d}x = \frac{2}{T} \tag{3.79}$$

$$a_n = \frac{2}{T}\int_{-T/2}^{T/2} \delta_T(x)\cos\left(\frac{2\pi nx}{T}\right)\mathrm{d}x = \frac{2}{T}\cos(0) = \frac{2}{T} \tag{3.80}$$

$$b_n = \frac{2}{T}\int_{-T/2}^{T/2} \delta_T(x)\sin\left(\frac{2\pi nx}{T}\right)\mathrm{d}x = \frac{2}{T}\sin(0) = 0 \tag{3.81}$$

したがって，関数 $\delta_T(x)$ のフーリエ級数展開は，

$$\delta_T(x) = \frac{1}{T} + \frac{2}{T}\sum_{n=1}^{\infty}\cos\left(\frac{2\pi nx}{T}\right) \tag{3.82}$$

となる．このフーリエ係数は n によらず一定の $2/T$ であるので，この級数は

収束しない．デルタ関数も $x=0$ で発散するが，これを形式的に $\delta(x)$ と書いたように，この級数を形式的に $\delta_T(x)$ と書くのである．

次に，デルタ関数のフーリエ変換を求めてみよう．デルタ関数の式 (3.73) の性質を用いると次のようになる．

$$\mathscr{F}[\delta(x)] = \int_{-\infty}^{\infty} \delta(x) \exp(-\mathrm{i}2\pi\nu x)\mathrm{d}x = \exp(0) = 1 \tag{3.83}$$

すなわち，デルタ関数のフーリエ変換は恒等的に 1 である．逆に，定数関数 1 のフーリエ変換はデルタ関数である．すなわち，

$$\delta(\nu) = \int_{-\infty}^{\infty} 1 \cdot \exp(-\mathrm{i}2\pi\nu x)\mathrm{d}x \tag{3.84}$$

この性質を使うと，$\exp(\mathrm{i}2\pi ax)$ のフーリエ変換が求まる．

$$\begin{aligned}\mathscr{F}[\exp(\mathrm{i}2\pi ax)] &= \int_{-\infty}^{\infty} \exp(\mathrm{i}2\pi ax) \cdot \exp(-\mathrm{i}2\pi\nu x)\mathrm{d}x \\ &= \int_{-\infty}^{\infty} 1 \cdot \exp[-\mathrm{i}2\pi x(\nu - a)]\mathrm{d}x \\ &= \delta(\nu - a)\end{aligned} \tag{3.85}$$

また，同様に次の関係式が求まる．

$$\begin{aligned}\mathscr{F}[\cos(2\pi ax)] &= \mathscr{F}\left[\frac{1}{2}\exp(\mathrm{i}2\pi ax) + \frac{1}{2}\exp(-\mathrm{i}2\pi ax)\right] \\ &= \frac{1}{2}[\delta(\nu - a) + \delta(\nu + a)]\end{aligned} \tag{3.86}$$

$$\begin{aligned}\mathscr{F}[\sin(2\pi ax)] &= \mathscr{F}\left[\frac{1}{2}\exp(\mathrm{i}2\pi ax) - \frac{1}{2}\exp(-\mathrm{i}2\pi ax)\right] \\ &= -\frac{\mathrm{i}}{2}[\delta(\nu - a) - \delta(\nu + a)]\end{aligned} \tag{3.87}$$

表 3.4 $\delta(x)$ を含むフーリエ変換対

$f(x)$	$F(\nu)$
$\delta(x)$	1
1	$\delta(\nu)$
$\delta(x \pm x_0)$	$\exp(\mp \mathrm{i}2\pi x_0 \nu)$
$\exp(\pm \mathrm{i}2\pi\nu_0 x)$	$\delta(\nu \mp \nu_0)$
$\cos(2\pi\nu_0 x)$	$\frac{1}{2}[\delta(\nu + \nu_0) + \delta(\nu - \nu_0)]$
$\sin(2\pi\nu_0 x)$	$\frac{\mathrm{i}}{2}[\delta(\nu + \nu_0) - \delta(\nu - \nu_0)]$

デルタ関数に関連するフーリエ変換対を表3.4に示す.

3.7 コンボリューション積分と相関関数

理工学のいろいろな分野,例えば第4章で述べる線形応答システムなどでしばしば登場する重要な概念に,コンボリューション (convolution) と相関 (correlation) がある.いま,2つの関数 $f_1(x)$ と $f_2(x)$ が与えられたとき,

$$f_1 * f_2(x) = \int_{-\infty}^{\infty} f_1(x') f_2(x-x') \mathrm{d}x' \tag{3.88}$$

をコンボリューション(積分),あるいは"畳み込み積分"という.関数 $f_1(x')$ と $f_2(x-x')$ の重なり合った部分の面積を x をパラメータとして表したものである.ここで,$f_2(x-x')$ は $f_2(x')$ を左右反転させて x だけ横にずらしたものであることに注意.コンボリューションを図化すると図3.9のようになる.

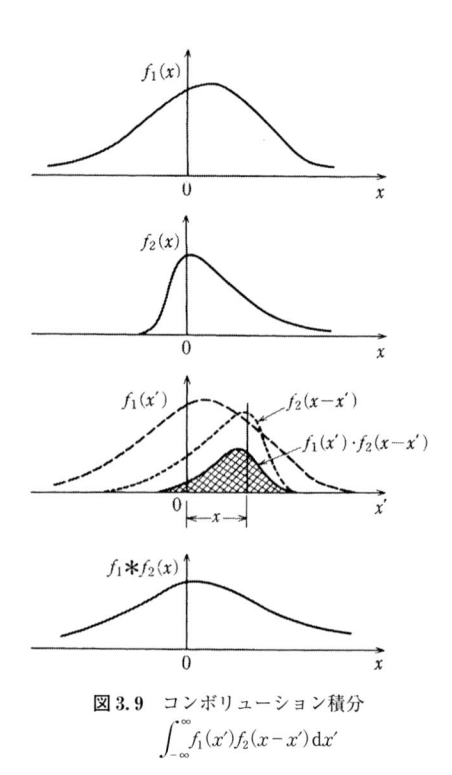

図3.9 コンボリューション積分
$$\int_{-\infty}^{\infty} f_1(x') f_2(x-x') \mathrm{d}x'$$

$f_1(x), f_2(x)$ のフーリエ変換がそれぞれ $F_1(\nu), F_2(\nu)$ であるときに,式 (3.88) のフーリエ変換を計算してみよう.

$$\mathscr{F}\{f_1 * f_2(x)\}$$
$$= \iint_{-\infty}^{\infty} f_1(x') f_2(x-x') \mathrm{d}x' \cdot \exp(-\mathrm{i}2\pi\nu x) \mathrm{d}x$$
$$= \int_{-\infty}^{\infty} f_1(x') \left[\int_{-\infty}^{\infty} f_2(x-x') \exp(-\mathrm{i}2\pi\nu x) \mathrm{d}x \right] \mathrm{d}x'$$
$$= \int_{-\infty}^{\infty} f_1(x') F_2(\nu) \exp(-\mathrm{i}2\pi\nu x') \mathrm{d}x'$$
$$= F_1(\nu) \cdot F_2(\nu) \tag{3.89}$$

すなわち,コンボリューション積分のフーリエ変換はおのおののフーリエ変換の積であることがわかる.また,2つの関数の積のフーリエ変換はおのおののフーリエ変換のコンボリューションになる.すなわち,

$$f_1 * f_2(x) \Leftrightarrow F_1(\nu) \cdot F_2(\nu) \tag{3.90}$$

これを,コンボリューション定理という.

また,2つの関数 $f_1(x)$ と $f_2(x)$ の相関関数は次のように与えられる.

$$f_1 \star f_2^*(x) = \int_{-\infty}^{\infty} f_1(x') f_2^*(x'-x) \mathrm{d}x' \tag{3.91}$$

ただし $f^*(x)$ は $f(x)$ 複素共役関数である.図3.10に示すように,相関関係は,コンボリューションの場合とは異なり,一方の関数を左右反転させない.そのかわり,複素共役関数を用いることに注意しておこう.

相関関数のフーリエ変換は次のようになる.

$$\mathscr{F}\{f_1 \star f_2^*(x)\}$$
$$= \iint_{-\infty}^{\infty} f_1(x') f_2^*(x'-x) \mathrm{d}x' \cdot \exp(-\mathrm{i}2\pi\nu x) \mathrm{d}x$$
$$= F_1(\nu) \cdot F_2^*(\nu) \tag{3.92}$$

また,上式の逆も成立する.

$$f_1 \star f_2^*(x) \Leftrightarrow F_1(\nu) \cdot F_2^*(\nu) \tag{3.93}$$

これを相関定理と呼ぶ.

一般に f_1 と f_2 とは異なるので,この場合の相関関数を相互相関関数と呼ぶ.これに対して,f_1 と f_2 が等しく $f(x)$ であったときの相関関数を自己相関関数という.式 (3.92) からも明らかなように,自己相関関数のフーリエ変換は次

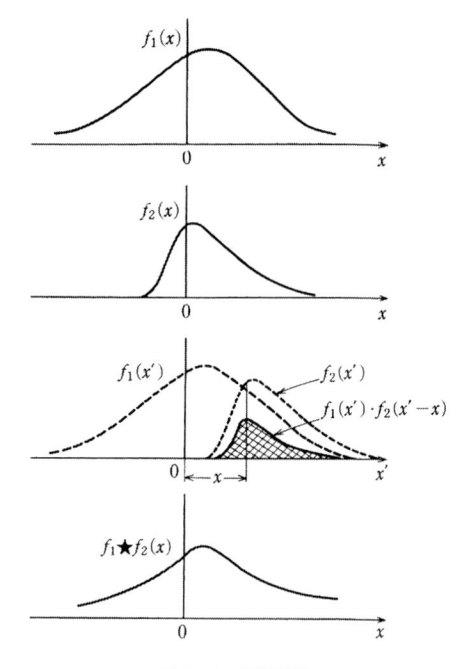

図 3.10 相関関数

$$\int_{-\infty}^{\infty} f_1(x')f_2(x'-x)\,dx' \quad (f_1, f_2 \text{は実数とする})$$

のようになる．

$$\mathscr{F}\{f \star f^*(x)\} = |F(\nu)|^2 \tag{3.94}$$

すなわち，もとの変数のフーリエ変換の絶対値の2乗となる．

次いで，式 (3.94) を書きかえる．

$$\int_{-\infty}^{\infty} f(x')f^*(x'-x)\,dx' = \int_{-\infty}^{\infty} |F(\nu)|^2 \exp(i2\pi\nu x)\,d\nu \tag{3.95}$$

また，式 (3.95) において $x=0$ とすると次のようになる．

$$\int_{-\infty}^{\infty} |f(x)|^2\,dx = \int_{-\infty}^{\infty} |F(\nu)|^2\,d\nu \tag{3.96}$$

これをパーシバル（Parseval）の式という．式 (1.38) の議論からの類推により，$f(x)$ が波動を表しているときには，$|f(x)|^2$ は波動のもつエネルギーである．これに対して，$|F(\nu)|^2$ はフーリエ変換（スペクトル）のエネルギーに対応し，エネルギースペクトルもしくは，パワースペクトルと呼ばれる．すなわち，パー

シバルの式の意味するところは，実空間（座標 x の空間）におけるエネルギーとフーリエ空間もしくはスペクトル空間（座標 ν の空間）におけるエネルギーは等しいということである．実空間とフーリエ空間でエネルギー保存則が成り立っていることを意味する．

3.8 特殊な関数の定義とそのフーリエ変換

ここでは，後の章でよく使われるいろいろな関数の定義とそのフーリエ変換を調べておこう．

(1) 矩形関数

$$\mathrm{rect}(x) = \begin{cases} 1 & |x| \leq \dfrac{1}{2} \\ 0 & \text{その他} \end{cases} \tag{3.97}$$

この関数は，図 3.11 (a) のように，幅 1，高さ 1 の矩形をしている．この $\mathrm{rect}(x)$ 関数は，x 軸上の $-1/2$ から $1/2$ の範囲を切り出す働きをしている．すなわち，$f(x)\mathrm{rect}(x)$ によって，図 3.11(b) に示すように，$f(-1/2)$ から $f(1/2)$ の範囲を抽出することができる．このような働きをする関数を窓関数，あるいはゲート関数と呼ぶことがある．また光学系の解析では，スリットの働きや物体の存在範囲を決める目的で使用される．

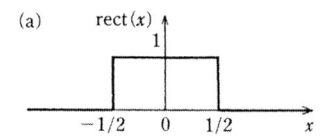

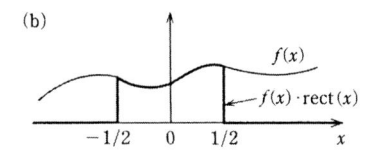

図 3.11 (a) 矩形関数 $\mathrm{rect}(x)$ と
(b) その窓関数としての働き

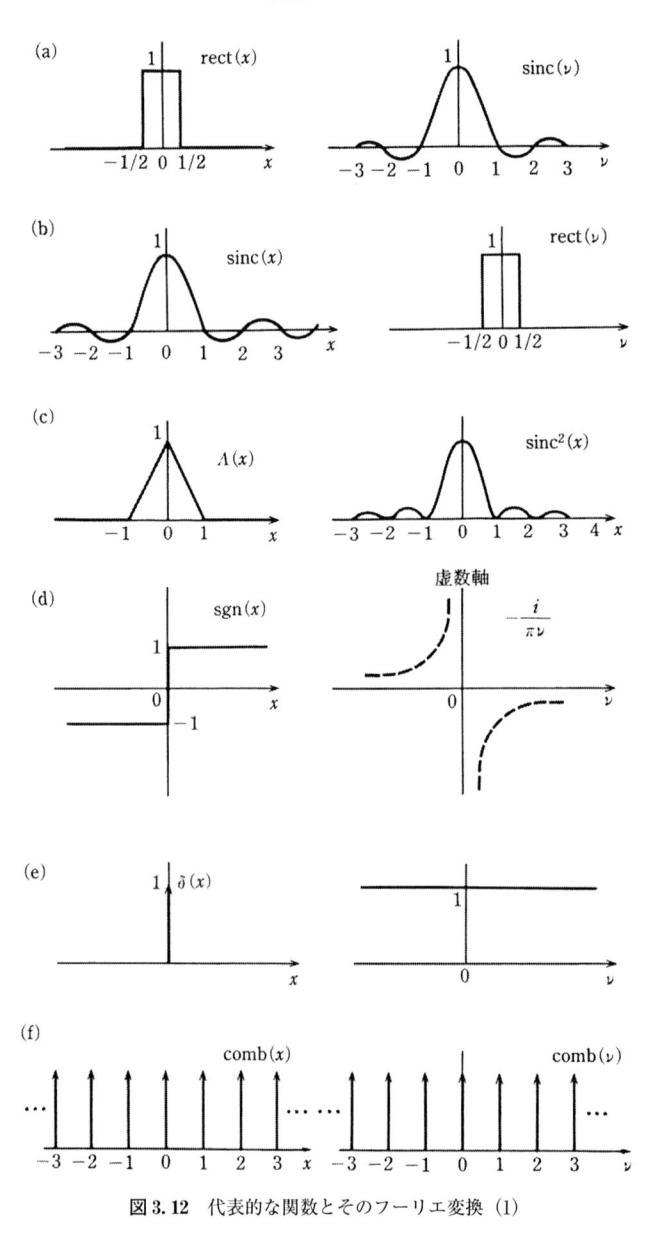

図 3.12 代表的な関数とそのフーリエ変換 (1)

3.8 特殊な関数の定義とそのフーリエ変換   59

(g) circ(r)　　　　$\dfrac{J_1(2\pi\rho)}{\rho}$

(h) gauss(r)　　　gauss(ν_r)

(i) $\cos 2\pi x$　　　$\dfrac{\delta(\nu-1)+\delta(\nu+1)}{2}$

(j) $\sin 2\pi x$　　　$-i\dfrac{\delta(\nu-1)-\delta(\nu+1)}{2}$

(k) $\delta(x-1)$　　　$\cos 2\pi\nu - i\sin 2\pi\nu$

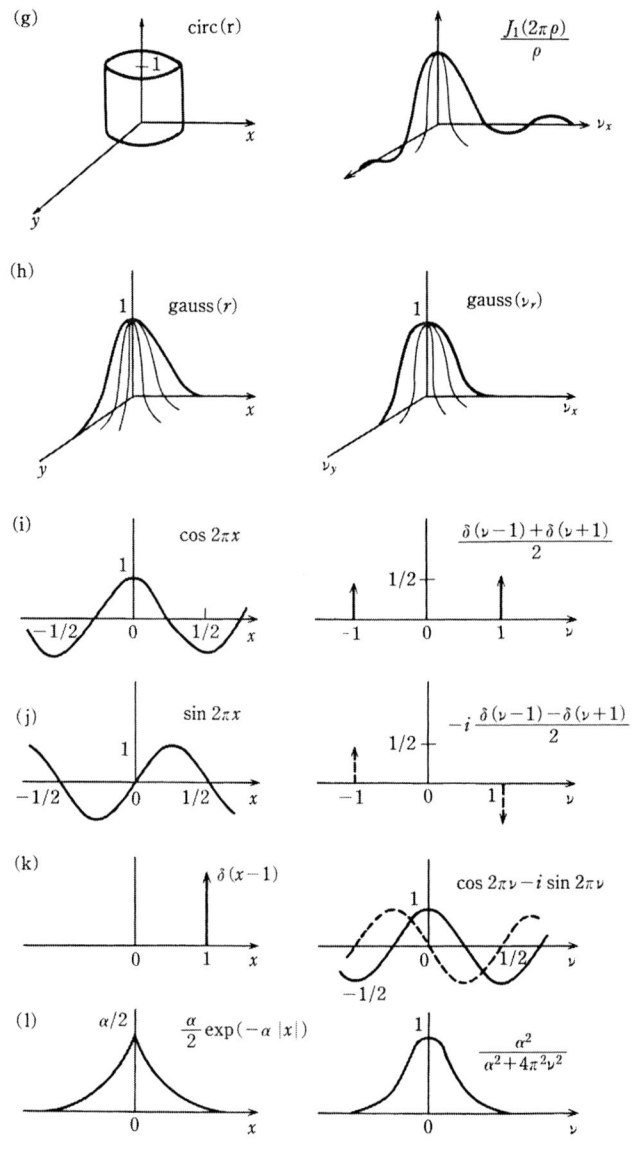

(l) $\dfrac{\alpha}{2}\exp(-\alpha|x|)$　　　$\dfrac{\alpha^2}{\alpha^2+4\pi^2\nu^2}$

図 3.12　代表的な関数とそのフーリエ変換 (2)

表3.5 フーリエ変換対

(1) $f(x) = \int_{-\infty}^{\infty} F(\nu) \exp(i2\pi\nu x)\, d\nu$	$F(\nu) = \int_{-\infty}^{\infty} f(x) \exp(-i2\pi\nu x)\, dx$
1	$\delta(\nu)$
$\delta(x)$	1
$\text{gauss}(x) = \exp(-\pi x^2)$	$\text{gauss}(\nu) = \exp(-\pi \nu^2)$
$\cos 2\pi\nu_0 x$	$\dfrac{1}{2}[\delta(\nu-\nu_0) + \delta(\nu+\nu_0)]$
$\sin 2\pi\nu_0 x$	$-\dfrac{i}{2}[\delta(\nu-\nu_0) - \delta(\nu+\nu_0)]$
$\text{rect}(x)$	$\text{sinc}(\nu)$
$\Lambda(x)$	$\text{sinc}^2(\nu)$
$\exp(-|x|)$	$\dfrac{2}{1+(2\pi\nu)^2}$
$J_0(2\pi x)$	$\dfrac{\text{rect}(\nu/2)}{\pi(1-\nu^2)^{1/2}}$
$\dfrac{J_1(2\pi x)}{2x}$	$(1-\nu^2)^{1/2}\text{rect}(\nu/2)$
$\text{sgn}\, x$	$-\dfrac{i}{\pi\nu}$
$H(x)$	$\dfrac{1}{2}\delta(\nu) - \dfrac{i}{2\pi\nu}$
$\exp(i\pi x^2)$	$\exp\left[i\left(\dfrac{\pi}{4}\right)\right]\exp[-i\pi x^2]$
$\text{comb}(x)$	$\text{comb}(\nu)$
x^k	$\left(\dfrac{-1}{i2\pi}\right)^k \delta^{(k)}(\nu)$
$\text{sech}(\pi x)$	$\text{sech}(\pi\nu)$
$\dfrac{1}{|x|^{1/2}}$	$\dfrac{1}{|\nu|^{1/2}}$

(2) $f(x,y)$ $= \iint_{-\infty}^{\infty} F(\nu_x,\nu_y) \exp[i2\pi(\nu_x x + \nu_y y)]\, d\nu_x d\nu_y$	$F(\nu_x,\nu_y)$ $= \iint_{-\infty}^{\infty} f(x,y) \exp[-i2\pi(\nu_x x + \nu_y y)]\, dx dy$
1	$\delta(x,y)$
$\delta(x,y)$	1
$\text{rect}(x)\text{rect}(y)$	$\text{sinc}(\nu_x)\text{sinc}(\nu_y)$
$\Lambda(x)\Lambda(y)$	$\text{sinc}^2(\nu_x)\text{sinc}^2(\nu_y)$
$\text{gauss}(r) = \exp(-\pi r^2)$ $= \exp[-\pi(x^2+y^2)]$	$\text{gauss}(\rho) = \exp(-\pi\rho^2)$ $= \exp[-\pi(\nu_x^2+\nu_y^2)]$
$\text{circ}(r)$	$\dfrac{J_1(2\pi\rho)}{\rho}$
$\delta(r-a)$	$2\pi a J_0(2\pi a \rho)$
$\dfrac{1}{r}$	$\dfrac{1}{\rho}$
$\exp(i\pi r^2) = \exp[i\pi(x^2+y^2)]$	$i\exp(-i\pi\rho^2) = i\exp[-i\pi(\nu_x^2+\nu_y^2)]$

ただし,$r = \sqrt{x^2+y^2}$, $\rho = \sqrt{\nu_x^2+\nu_y^2}$

(2) sinc 関数
$$\text{sinc}(x) = \sin(\pi x)/x\pi \tag{3.98}$$

(3) 三角形関数
$$\Lambda(x) = \begin{cases} 1 - |x| & |x| \leq 1 \\ 0 & \text{その他} \end{cases} \tag{3.99}$$

(4) くし形関数
$$\text{comb}(x) = \sum_{n=-\infty}^{\infty} \delta(x-n) \tag{3.100}$$

なお，式 (3.78) の $\delta_T(x)$ で $T=1$ としたものが comb(x) である．

(5) 符号関数
$$\text{sgn}(x) = \begin{cases} 1 & x > 0 \\ 0 & x = 0 \\ -1 & x < 0 \end{cases} \tag{3.101}$$

(6) 円形関数
$$\text{circ}(x) = \begin{cases} 1 & r = \sqrt{x^2 + y^2} \leq 1 \\ 0 & \text{その他} \end{cases} \tag{3.102}$$

(7) ガウス関数
$$\text{gauss}(r) = \exp(-\pi r^2) \tag{3.103}$$

これらの関数の形状とそのフーリエ変換を図 3.12 および表 3.5 に示す．

3.9 標本化定理

今までは，座標 x に対して連続関数 $f(x)$ のフーリエ変換を主として取り扱ってきた．しかし，フーリエ変換を数値計算で求めたりする場合には，入力信号を標本化して，離散的なデータ列に変換しなければならない．

連続関数 $f(x)$ を $x = x_0$ で標本化するには，デルタ関数の定義 (3.77) より，
$$\int_{-\infty}^{\infty} f(x)\delta(x - x_0)\,dx = f(x_0) \tag{3.104}$$
を導くことができるので，デルタ関数を使えばよいことがわかる．したがって図 3.13 のように，標本点間隔が T である n 個の点 $x = nT (n = 0, \pm 1, \pm 2, \cdots)$

において標本化する場合には，$f(x)$ が標本点で連続であるとすると，

$$f_s(x) = \sum_{n=-\infty}^{\infty} f(nT)\delta(x-nT) \tag{3.105}$$

とすることによって，関数 $f(x)$ を標本化することができる．また，上式は

$$f_s(x) = f(x) \times \delta_T(x) \tag{3.106}$$

と書ける．ただし，$\delta_T(x)$ はデルタ関数列（3.78）

$$\delta_T(x) = \sum_{n=-\infty}^{\infty} \delta(x-nT) \tag{3.107}$$

である．式（3.100）より，

$$\delta_T(x) = \mathrm{comb}\left(\frac{x}{T}\right) \tag{3.108}$$

と書ける．したがって，式（3.105）は次のようになる．

$$f_s(x) = f(x)\mathrm{comb}\left(\frac{x}{T}\right) \tag{3.109}$$

両辺をフーリエ変換して，コンボリューション定理を用いると次のようになる．

$$F_s(\nu) = F(\nu) * \mathscr{F}\left[\mathrm{comb}\left(\frac{x}{T}\right)\right] \tag{3.110}$$

ここで，図 3.12 (f) より次の関係がわかる．

$$\mathscr{F}[\mathrm{comb}(x)] = \mathrm{comb}(\nu) \tag{3.111}$$

フーリエ変換の相似則

$$\mathscr{F}\left[f\left(\frac{x}{a}\right)\right] = |a|F(a\nu) \tag{3.112}$$

であるので，式（3.110）は次式のように表せる．

$$F_s(\nu) = F(\nu) * T\,\mathrm{comb}(T\nu) \tag{3.113}$$

ところで，

$$T\,\mathrm{comb}(T\nu) = \sum_{n=-\infty}^{\infty} \delta\left(\nu - \frac{n}{T}\right) \tag{3.114}$$

であるので，式（3.113）は，結局次のようになる．

$$F_s(\nu) = \sum_{n=-\infty}^{\infty} F\left(\nu - \frac{n}{T}\right) \tag{3.115}$$

標本化の過程と標本化された関数 $f_s(x)$ のフーリエ変換 $F_s(\nu)$ の関数を図示すると，図 3.13 になる．式（3.115）は連続関数 $f(x)$ のフーリエ変換 $F(\nu)$

3.9 標本化定理

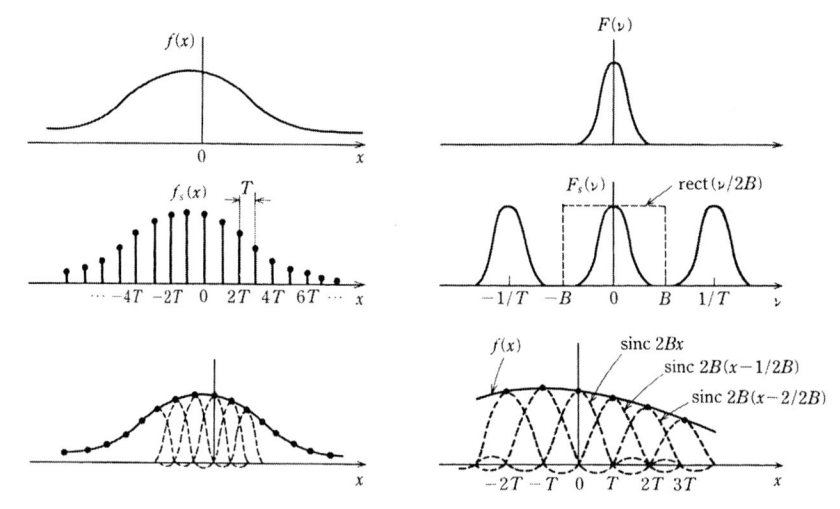

図 3.13 標本化定理

が周期 $1/T$ で繰り返したものであることがわかる．

標本化された関数 $f_s(x)$ から元の連続関数 $f(x)$ を再現するには，これをフーリエ領域で考えると，周期関数 $F_s(\nu)$ から $F(\nu)$ を取り出すことができればよいことがわかる．このために，第一に必要な条件としては，$F(\nu)$ が周期的にあらわれる $F_s(\nu)$ において，$F(\nu)$ が隣りの $F(\nu)$ と重なってはいけない．重なりがあると，元のフーリエスペクトル $F(\nu)$ が正しく取り出せないからである．ここで，$F(\nu)$ のスペクトル広がり（帯域）を $2B$ とすると，$F_s(\nu)$ の周期が $1/T$ であるので，重ならないためには，

$$\frac{1}{T} \geq 2B \tag{3.116}$$

の条件を満足する必要がある．このように，スペクトルの広がりが有限の範囲に制限されている信号を帯域制限信号と呼ぶ．

次に，$F_s(\nu)$ から $F(\nu)$ を取り出すために，幅 $2B$ の窓関数 $\mathrm{rect}(\nu/2B)$ を $F_s(\nu)$ に掛け，これをフーリエ変換すれば，元の信号が求まる．すなわち，

$$\begin{aligned}
f(x) &= \mathscr{F}^{-1}\left[F_s(\nu)\,\mathrm{rect}\left(\frac{\nu}{2B}\right)\right] \\
&= \mathscr{F}^{-1}[F_s(\nu)] * \mathscr{F}^{-1}\left[\mathrm{rect}\left(\frac{\nu}{2B}\right)\right]
\end{aligned} \tag{3.117}$$

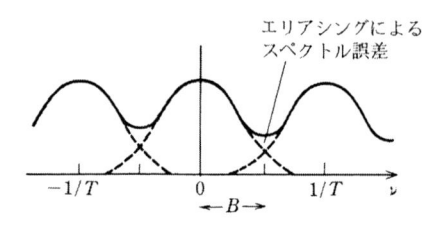

図 3.14 エリアシング

ここで，式 (3.105) より次の式が得られる．

$$\mathscr{F}^{-1}[F_s(\nu)] = \sum_{n=-\infty}^{\infty} f(nT)\delta(x-nT) \tag{3.118}$$

また，表 3.5 による $\mathrm{rect}(\nu)$ のフーリエ変換から次式が求まる．

$$\mathscr{F}^{-1}\left[\mathrm{rect}\left(\frac{\nu}{2B}\right)\right] = 2B\,\mathrm{sinc}\,(2Bx) \tag{3.119}$$

したがって，式 (3.117) は次のようになる．

$$f(x) = 2B\sum_{n=-\infty}^{\infty} f(nT)\,\mathrm{sinc}\,[2B(x-nT)] \tag{3.120}$$

ここで式 (3.116) の限界値 $T=1/2B$ を用いれば，$f(x)$ は次のようになる．

$$f(x) = \sum_{n=-\infty}^{\infty} f\left(\frac{n}{2B}\right)\mathrm{sinc}\left[2B\left(x-\frac{n}{2B}\right)\right] \tag{3.121}$$

この式は，$f(x)$ の標本値列 $f(n/2B)$ のみが与えられているとき，それから $f(x)$ を復元できることを示している．これを標本化定理という．ここで，標本化定理が成立するのは，元の信号 $f(x)$ が帯域制限をされており（帯域幅 $2B$），標本間隔が $T\leqq 1/2B$ である場合だけであることに注意しなければならない．

標本間隔 T が $T=1/2B$ よりも広い場合には，図 3.14 のように帯域がオーバーラップして高周波成分が折り返され，スペクトルに誤差が生じる．この誤差が"別名誤差"あるいは"エリアシング（aliasing）誤差"である．

エリアシング誤差を避けるためには，標本化する前に元の信号を低域通過フィルタに通すか，何らかの方法で平滑化を行い，周波数帯域を規定の領域内に制限しておく必要がある．

問　題

3.1 $[-1/2, 1/2]$ で $f(x) = \cos \pi x$ のフーリエ級数を求めよ．
3.2 $[-1/2, 1/2]$ で $f(x) = x^2$ のフーリエ級数を求めよ．
3.3 次の問題のフーリエ変換を計算せよ．
　(1) $f(x) = \exp(\mathrm{i} 2\pi \alpha x^2)$
　(2) $f(x) = \exp(-2\pi \alpha |x|)$　$\alpha > 0$
　(3) $f(x) = \exp(-|\alpha| |x|) \cos(2\pi \nu_0 x)$
3.4 $f_1(x)$ と $f_2(x)$ が図のように与えられたとき，コンボリューション積分と相関関数を図示せよ．

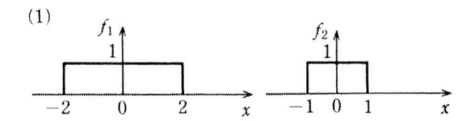

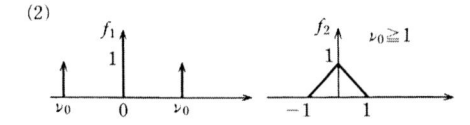

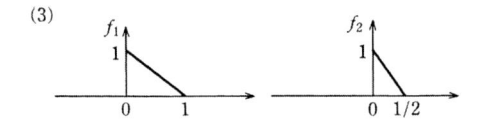

(1) f_1: 値1, -2 から 2 の矩形; f_2: 値1, -1 から 1 の矩形

(2) f_1: $-\nu_0, 0, \nu_0$ の位置にデルタ関数（値1）; f_2: -1 から 1 の三角形（頂点値1, $\nu_0 \geqq 1$）

(3) f_1: $(0,1)$ から $(1,0)$ への三角形; f_2: $(0,1)$ から $(1/2, 0)$ への三角形

(4) f_1: $(0,1)$ から $(1,0)$ への三角形; f_2: 値1, -1 から 1 の矩形

3.5 前図に示した $f_1(x)$ と $f_2(x)$ のコンボリューション積分をコンボリューション定理を用いて計算せよ．
3.6 $\exp(-\alpha x^2) * \exp(-\beta x^2)$ を直接法およびフーリエ変換法を用いて計算せよ $(\alpha, \beta > 0)$．
3.7 次の関係を証明せよ．
　(1) $\delta(ax) = 1/|a| \delta(x)$
　(2) $\mathscr{F}[\mathrm{comb}(x)] = \mathrm{comb}(\nu_x)$
　(3) $\mathrm{comb}(ax) = 1/|a| \sum_{n=-\infty}^{\infty} \delta(x - n/a)$
3.8 次の関数に対するパーシバルの等式を示せ．

(1) $f(x) = \exp(-|x|)$
(2) $f(x) = \text{rect}(x)$
また，この結果からおのおの
(1) $\displaystyle\int_{-\infty}^{\infty} \frac{d\nu}{(1+\nu^2)^2} = \frac{\pi}{2}$
(2) $\displaystyle\int_{0}^{\infty} \frac{\sin^2 \pi\nu}{\pi^2 \nu^2} d\nu = \frac{1}{2}$
という定積分が計算できることを示せ．

参 考 図 書

(＊入門書として適当)

猪狩　惺：フーリエ級数，岩波全書 (1975).
今村　勤：物理とフーリエ変換，岩波書店 (1976).
小出昭一郎：物理現象のフーリエ解析，東京大学出版会 (1981).
和達三樹：物理のための数学，岩波書店 (1983).
江沢　洋：フーリエ解析，講談社 (1987).
大石進一：フーリエ解析，岩波書店 (1989).
＊黒川隆志，小畑秀文：演習で身につくフーリエ解析，共立出版 (2006).
A. Papoulis：The Fourier Integral and its Application (1962).
　　（大槻　喬，平岡寛二監訳：応用フーリエ積分，オーム社，1976).
A. Papoulis：Systems and Transforms with Application Optics, McGraw-Hill, New York (1968).
J. W. Goodman：Introduction to Fourier Optics, 3rd ed., Englewood (2005).
H. P. Hsu：Fourier Analysis, Simon & Schuster, Inc., New York (1970).
　　（佐藤平八郎訳：フーリエ解析，森北出版，1979)
D. C. Champeney：Fourier Transforms and Their Physical Applications, Academic Press, London (1973).
R. N. Bracewell：The Fourier Transform and its Applications, 2nd Ed., McGraw-Hill, New York (1986).
森口繁一，宇田川銈久，一松　信：岩波数学公式，級数・フーリエ解析，岩波書店 (1957).
R. L. Easton, Jr.：Fourier Methods in Imaging, John Wiley & Sons, chichester, Sussex (2010).

4
線形システム

　光学系をはじめとして，理工学のシステムを解析する場合，システムの入力と出力の関数から，そのシステムの特性を推測し評価する方法がよくとられる．これによりシステムの内部構成や物理現象に具体的に足をふみ入れずに，入出力関係からそのシステムの一般的性質を解析することができる．この方法は単純に見えるが，システムの一般的性質の解明，また他システムとの類推からシステムの特性を理解するなど，多くの場合に有効である．

　ここでは，光学システムの解析に有効な"線形シフト不変システム"(linear shift-invariant system) を中心に，基本概念の説明と数学的取扱いについて述べる．

4.1　システムと演算子

　いろいろな現象を理解しようとする場合に，たとえその現象の物理的機構や構成が不明であっても，その現象を引き起こす事象（入力）とその結果（出力）がわかっている場合には，現象内部の細かい機構の解明には目をつむり，入出力関係のみを注目して現象の一般的性質を研究するアプローチがとられる．

　図 4.1 に示すような，入力 $f(x)$ と出力 $g(x)$ が明示されたシステムを考え

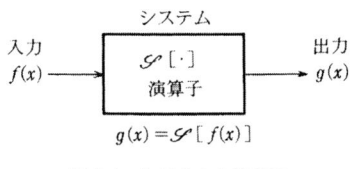

$$g(x) = \mathscr{S}[f(x)]$$

図4.1　システムと演算子

よう．ここで，このシステムを

$$\mathscr{S}[f(x)] = g(x) \tag{4.1}$$

と表すことにしよう．この式は，$\mathscr{S}$ によって $f(x)$ という関数を $g(x)$ という関数に変換しているとも，写像しているとも解釈できる．したがって $\mathscr{S}$ は演算子（operator）と呼ばれる．このように，システムは演算子によって記述できる．しばしば，$\mathscr{S}$ をシステムと呼ぶこともある．

演算子の概念は非常に一般的である．例えば，式（1.9）の波動方程式，

$$\frac{\partial^2 u}{\partial x^2} + \frac{\partial^2 u}{\partial y^2} + \frac{\partial^2 u}{\partial z^2} = \frac{1}{v^2}\frac{\partial^2 u}{\partial t^2} \tag{4.2}$$

はラプラスの演算子

$$\Delta = \frac{\partial^2}{\partial x^2} + \frac{\partial^2}{\partial y^2} + \frac{\partial^2}{\partial z^2} = \nabla^2 \tag{4.3}$$

を用いて $\Delta u = (1/v^2)(\partial^2 u/\partial t^2)$ のように表した．このことは，波動方程式（4.2）を Δ 演算子の働きにより，u を $(1/v^2)(\partial^2 u/\partial t^2)$ に写像するシステムといえる．

また，すでに式（3.54）ではフーリエ変換演算子 $\mathscr{F}$ を導入した．フーリエ変換演算子は，実空間の関数 $f(x)$ をフーリエ空間（周波数空間）の関数 $F(\nu)$ に写像させる．

4.2 線形システム，シフト不変システム

4.2.1 線形システム

いま，演算子 $\mathscr{L}$ で記述されるシステムがあり，2種類の入力 $f_1(x)$ と $f_2(x)$ に対して，それぞれ出力 $g_1(x)$ と $g_2(x)$ が得られるものとしよう．すなわち，

$$\mathscr{L}[f_1(x)] = g_1(x) \tag{4.4}$$

$$\mathscr{L}[f_2(x)] = g_2(x) \tag{4.5}$$

システムが線形であるとは，適当な定数 a_1 と a_2 を用いて，

$$\begin{aligned}
\mathscr{L}[a_1 f_1(x) &+ a_2 f_2(x)] \\
&= \mathscr{L}[a_1 f_1(x)] + \mathscr{L}[a_2 f_2(x)] \\
&= a_1 \mathscr{L}[f_1(x)] + a_2 \mathscr{L}[f_2(x)] \\
&= a_1 g_1(x) + a_2 g_2(x)
\end{aligned} \tag{4.6}$$

となることである．式 (1.47) との類推から，この線形システム (linear system) では，"重ね合わせの原理"が成立していることがわかる．すなわち，「線形性」と「重ね合わせの原理が成立すること」とは同義である．波動方程式にあらわれるラプラスの演算子 Δ もフーリエ変換演算子 $\mathscr{F}$ も線形演算子で，波動現象もフーリエ変換も重ね合わせの原理が成立する．

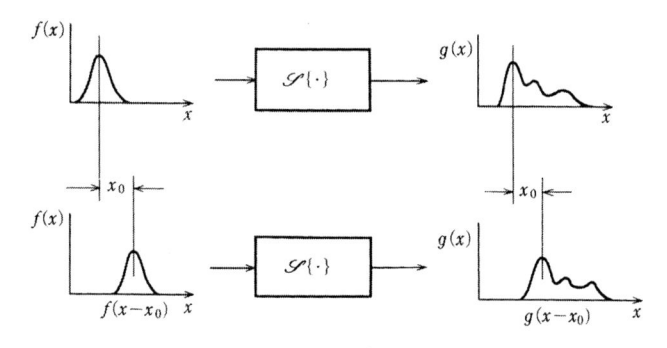

4.2.2 シフト不変システム

前のようにシステム $\mathscr{S}$ を考え，これの入出力を $f(x)$ と $g(x)$ としよう．すなわち，

$$\mathscr{S}[f(x)] = g(x) \tag{4.7}$$

このとき，入力 $f(x)$ にシフト（横ずらし）x_0 を与えると，出力 $g(x)$ も同じ量 x_0 だけシフトを受けるとしよう（図 4.2）．すなわち，

$$\mathscr{S}[f(x-x_0)] = g(x-x_0) \tag{4.8}$$

このシステムは x_0（実数）のシフトに対して不変であるので，シフト不変システム (shift-invariant system) と呼ばれている．空間座標 x に対してシフト不変のシステムでは，入力がどの位置にあってもシステムの特性 $\mathscr{S}$ は変化せず，その出力の形は変化しない（出力の位置は入力の位置によって変化する）．時間的現象に対するシフト不変システムは，とくに，「定常システム」あるいは「時間不変システム」と呼ばれている．つまり，システムの特性が時間とともに変化しないシステムが定常システムである．

システムが線形シフト不変であるとは，次式が成立することである．

図 4.2 シフト不変システム

$$\mathscr{L}[a_1 f_1(x-x_1) + a_2 f_2(x-x_2)] = a_1 g_1(x-x_1) + a_2 g_2(x-x_2) \tag{4.9}$$

4.3 インパルス応答

線形シフト不変システム

$$\mathscr{LS}[f(x)] = g(x) \tag{4.10}$$

を考え,入力がインパルスであるとする.インパルスとは,点光源のように空間的な大きさが無限小である理想化された入力である.インパルスを理想化したものがデルタ関数 $\delta(x)$ である.このときの応答を

$$\mathscr{LS}[\delta(x)] = h(x) \tag{4.11}$$

と書くと,もちろん,このシステムはシフト不変であるから,

$$\mathscr{LS}[\delta(x-x_0)] = h(x-x_0) \tag{4.12}$$

である.インパルス入力に対するシステムの出力をインパルス応答(impulse response)という.驚くべきことに,線形シフト不変システムのすべての特性は,このインパルス応答から求められるのである.

重ね合わせの原理から,図 4.3 に示すように,入力 $f(x)$ をインパルス列に分解してみよう.

$$f_T(x) = \sum_{n=-\infty}^{\infty} f(x)\delta(x-nT) \tag{4.13}$$

ここで,インパルス間隔 T を無限に細かくした極限状態を考えると,

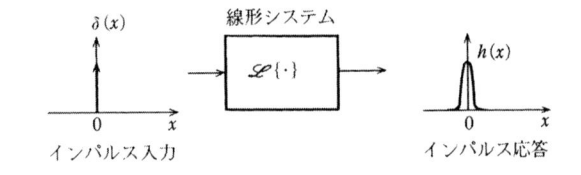

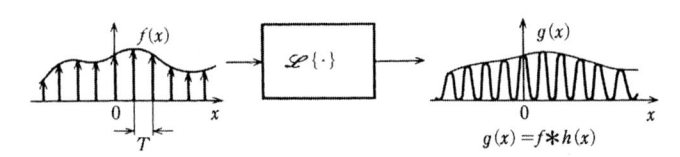

図 4.3 インパルス応答と重ね合わせの原理

$$f(x) = \int_{-\infty}^{\infty} f(x')\delta(x-x')\,\mathrm{d}x' \tag{4.14}$$

が得られる．式 (4.14) は，まさにデルタ関数 $\delta(x)$ の定義式 (3.77) と一致している．

さて，式 (4.14) を式 (4.10) に代入すると，次の式が得られる．

$$\begin{aligned}g(x) &= \mathscr{LS}\left[\int_{-\infty}^{\infty} f(x')\delta(x-x')\,\mathrm{d}x'\right] \\ &= \int_{-\infty}^{\infty} f(x')\mathscr{LS}[\delta(x-x')]\,\mathrm{d}x'\end{aligned} \tag{4.15}$$

ここで，上式に式 (4.12) を代入すると，次の関係式が得られる．

$$\begin{aligned}g(x) &= \int_{-\infty}^{\infty} f(x')h(x-x')\,\mathrm{d}x' \\ &= f*h(x)\end{aligned} \tag{4.16}$$

すなわち，線形シフト不変システムでは入力とインパルス応答のコンボリューションが出力を与える．

4.4　周波数応答関数

線形シフト不変システムの入力 $f(x)$，出力 $g(x)$，ならびにインパルス応答 $h(x)$ をフーリエ領域（周波数領域）で考えてみよう．各々のフーリエ変換は次のように表せるとする．

$$F(\nu) = \int_{-\infty}^{\infty} f(x)\exp(-\mathrm{i}2\pi\nu x)\,\mathrm{d}x \tag{4.17}$$

$$G(\nu) = \int_{-\infty}^{\infty} g(x)\exp(-\mathrm{i}2\pi\nu x)\,\mathrm{d}x \tag{4.18}$$

$$H(\nu) = \int_{-\infty}^{\infty} h(x)\exp(-\mathrm{i}2\pi\nu x)\,\mathrm{d}x \tag{4.19}$$

式 (4.16) のように，出力 $g(x)$ は入力 $f(x)$ とインパルス応答 $h(x)$ のコンボリューションであるので，式 (3.90) のコンボリューション定理を使うと次のようになる．

$$G(\nu) = F(\nu)\cdot H(\nu) \tag{4.20}$$

$H(\nu)$ は線形シフト不変システムの周波数応答関数（frequency response function）と呼ばれている．式 (4.20) から，このシステムは，入力のスペク

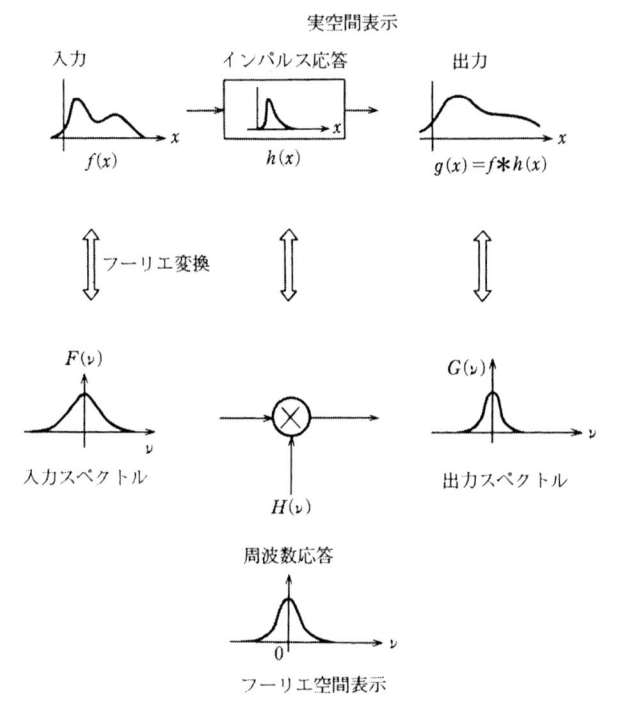

図 4.4 インパルス応答と周波数応答の関係

トル分布 $F(\nu)$ を $H(\nu)$ 倍だけ変化させて出力スペクトル $G(\nu)$ に変換している，と解釈される．すなわち，周波数応答関数は，各周波数 ν に対するシステムの応答の大きさを与えている．周波数応答とインパルス応答とは互いにフーリエ変換の関係にあり，含まれている情報量は等しいので，周波数応答によってシステムのすべての特性を記述できる．これらの関係を図 4.4 に示す．

4.5 固有関数と固有値

線形シフト不変システムでは，デルタ関数を入力させてインパルス応答を求め，これからシステムの特性が記述できることを示した．ここでは，もう 1 つ別の方法からシステムの特性が評価できることを示そう．

いま，線形シフト不変システムに $\phi(x;\xi)$ を入力させたとき，適当な減衰

4.5 固有関数と固有値

は受けるが，自分自身と同じ形状の出力 $\phi(x;\xi)$ が得られたとしよう．すなわち，

$$\mathscr{LS}[\phi(x;\xi)] = H(\xi)\phi(x;\xi) \tag{4.21}$$

ただし，ξ は複素定数とする．このような解が存在するか否かの証明はここではしないが，すぐ後で具体例を示すことにする．

式 (4.21) のように書けるとき，$\phi(x;\xi)$ は演算子 $\mathscr{LS}$ の固有関数 (eigen function)，$H(\xi)$ は固有関数 $\phi(x;\xi)$ に対する固有値 (eigen value) と呼ばれる．

ここで，$\exp(i2\pi\xi x)$ を入力とした場合を考えよう．この出力を $g(x;\xi)$ とする．すなわち，

$$\mathscr{LS}[\exp(i2\pi\xi x)] = g(x;\xi) \tag{4.22}$$

次に，x' だけ入力をシフトさせる．

$$\begin{aligned}\mathscr{LS}\{\exp[i2\pi\xi(x-x')]\} \\ = \mathscr{LS}[\exp(i2\pi\xi x)]\exp(-i2\pi\xi x') \\ = g(x;\xi)\exp(-i2\pi\xi x')\end{aligned} \tag{4.23}$$

ここで $\mathscr{LS}$ がシフト不変演算子であれば，次のようになる．

$$\mathscr{LS}[\exp\{i2\pi\xi(x-x')\}] = g(x-x';\xi) \tag{4.24}$$

これより

$$g(x-x';\xi) = \exp(-i2\pi\xi x')g(x;\xi) \tag{4.25}$$

なる関係が導ける．

ここで，$g(x;\xi)$ として，

$$g(x;\xi) = H(\xi)\exp(i2\pi\xi x) \tag{4.26}$$

をとれば，式 (4.25) の関係が満足されることは明らかであろう．なお，$H(\xi)$ は複素定数である．このとき，

$$\mathscr{LS}[\exp(i2\pi\xi x)] = H(\xi)\exp(i2\pi\xi x) \tag{4.27}$$

が成立している．$\exp(i2\pi\xi x)$ は式 (4.21) の固有関数で，$x=0$ とすると，

$$H(\xi) = g(0;\xi) \tag{4.28}$$

となる．すなわち，システムに $\exp(i2\pi\xi x)$ を入力して，原点における出力値をとると，固有値 $H(\xi)$ が求まる．

前節では，システムの特性を記述するにはインパルス応答や周波数応答を用いればよいことを述べた．すなわち，周波数 ξ をもつ複素正弦関数 $\exp(i2\pi\xi x)$

の応答は $H(\xi)\exp(i2\pi\xi x)$ で,これは入力 $\exp(i2\pi\xi x)$ が $H(\xi)$ だけ減衰して出力されることを意味している.つまり,固有関数 $\exp(i2\pi\xi x)$ に対する固有値 $H(\xi)$ は周波数応答そのものである.したがって,入力として正弦波を入力した場合に,出力の正弦波のコントラストを周波数を変えて測定すれば,周波数応答関数が得られることがわかる.これらの関係を図示すると図 4.5 のようになる.

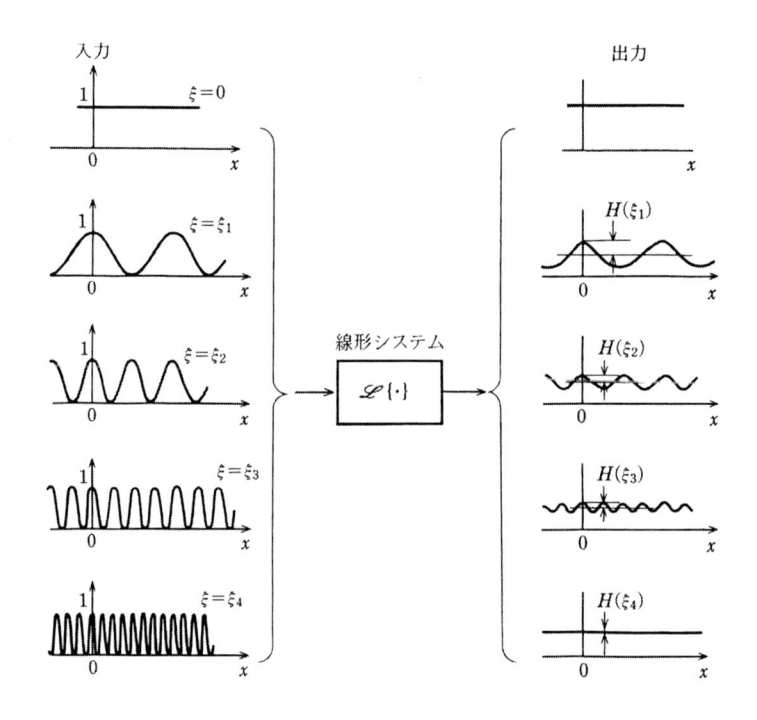

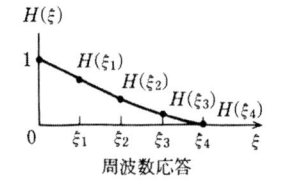

図 4.5 固有値 $H(\xi)$ と周波数応答

問　題

4.1 理工学の分野における線形シフト不変システムの例を3つあげよ．

4.2 線形システムに
$$f(x) = [1+\cos(2\pi\nu_1 x)][1+\cos(2\pi\nu_2 x)]$$
を入力しても，その出力の形状が変わらないためには，システムの周波数応答関数はどのような形状でなければならないか，ただし $\nu_1 > \nu_2$．

参 考 図 書

A. Papoulis：Systems and Transforms with Applications in Optics, McGraw-Hill, New York (1968), Chapter 2.

J. W. Goodman：Introduction to Fourier Optics, 3rd ed. Englewood (2005), Chapter 2.

L. R. Rabiner and B. Gold：Theory and Application of Digital Signal Processing, Prentice-Hall, New Jersey (1975).

J. Gaskill：Linear Systems, Fourier Transforms, and Optics, John Wiley & Sons, New York (1978), Chapter 5, 6.

小瀬輝次：フーリエ結像論，共立出版 (1979)，第2章～第4章．

正田英介：線形システム理論の基礎，第5版，昭晃堂 (1980)．

A. Papoulis：Signal Analysis, McGraw-Hill, New York (1984), Chapter 3.

F. T. S. Yu and I. C. Khoo：Principles of Optical Engineering, John Wiley & Sons, New York (1990), Chapter 1.

5

高速フーリエ変換

　フーリエ変換の計算量は，その定義にしたがって積分を直接計算すると，標本数 N の 2 乗，N^2 に比例する．いわゆる「計算量の爆発」をおこす典型的な計算としても知られていた．標本数が多い画像データの処理などでは，高速大型コンピュータをもってしても莫大な計算時間がかかった．幸いなことに，計算量を大幅に削減できるアルゴリズムが発見され，現在ではパーソナルコンピュータなどでも自由にフーリエ変換を計算することができるようになった．このアルゴリズムは，高速フーリエ変換（fast Fourier transform：FFT）と呼ばれ，光学，信号解析，画像処理，物理学などの分野の線形システムで中心的な解析手法として広く利用されている．

　ここでは，高速フーリエ変換の原理と具体的なアルゴリズム，コンピュータプログラム例を説明して計算例を示す．まず，フーリエ変換を数値解析するために必要な離散フーリエ変換の説明から始めよう．

5.1　離散フーリエ変換

　標本化定理によれば，連続信号 $f(x)$ を標本化して，離散的なデータ列 $f_s(nT)$ に変換できることがわかった．しかしこの場合には，そのフーリエ変換 $F_s(\nu)$ は連続な周期関数である．コンピュータなどで処理する場合には，スペクトルも離散化する必要がある．この離散化の過程を図 5.1 に示す．

　まず，連続信号 $f(x)$ のフーリエスペクトルを $F(\nu)$ とする．$f(x)$ を周期 T の $\mathrm{comb}(x/T)$ で標本化する．

5.1 離散フーリエ変換

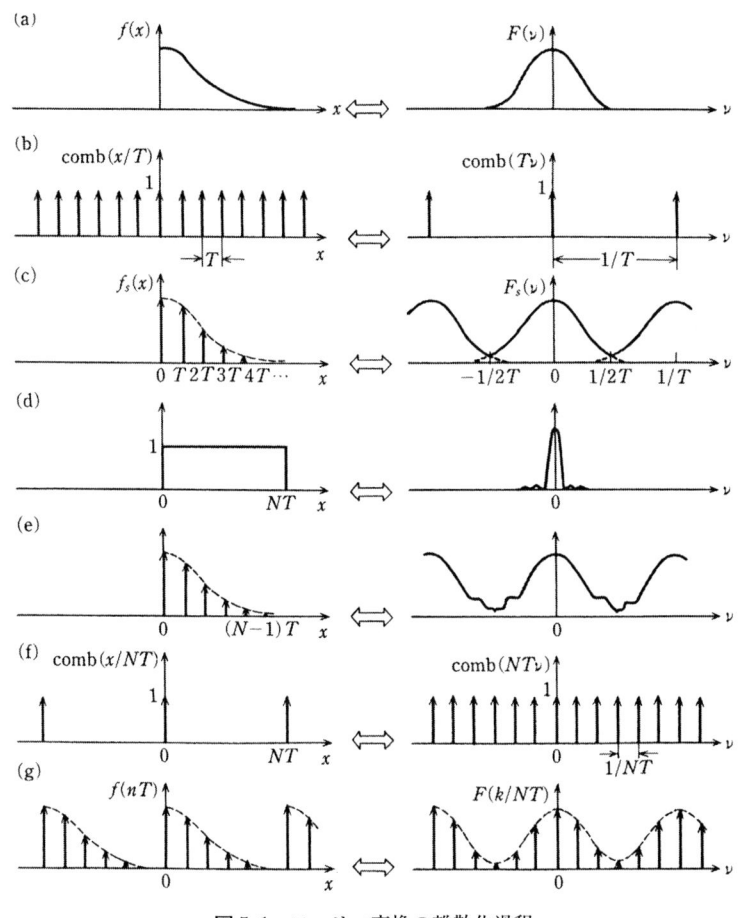

図 5.1 フーリエ変換の離散化過程

$$f_s(x) = f(x) \times \mathrm{comb}\left(\frac{x}{T}\right) \tag{5.1}$$

このスペクトルは,

$$\begin{aligned}
F_s(\nu) &= \mathscr{F}[f_s(x)] \\
&= \int_{-\infty}^{\infty}\left[\sum_{n=-\infty}^{\infty} f(x)\delta(x-nT)\right]\exp(-\mathrm{i}2\pi\nu x)\,\mathrm{d}x \\
&= \sum_{n=-\infty}^{\infty} f(nT)\exp(-\mathrm{i}2\pi\nu nT) \tag{5.2}
\end{aligned}$$

と書ける．このスペクトルは図5.1(c)のように，周期的で，かつ連続である．しかし標本化定理によれば，式(3.116)を満足している場合には，$-1/2T$から$1/2T$までの範囲の$F_s(\nu)$を知ればよい．

われわれが実際に離散信号を観測できるのは，ある有限の範囲である．すなわち，$n=0, 1, \cdots, N-1$の標本点の値のみ利用し，他は捨てることにする．したがって，スペクトルは，

$$F_s(\nu) = \sum_{n=0}^{N-1} f(nT) \exp(-\mathrm{i}2\pi\nu nT) \tag{5.3}$$

と書ける．

これを図示すると図5.1(e)のようになり，有限個の標本点で打ち切ることは，ちょうど幅NTの矩形窓関数を掛けたことになる．周波数領域で広がりが有限の信号を帯域制限信号と呼んだように，標本数を有限で打ち切った信号を空間制限信号と呼ぼう．

ここでいよいよ，空間制限スペクトル$F_s(\nu)$を標本化しよう．標本化定理をフーリエ空間に適用すると，$1/NT$の間隔で標本化すればよいことがわかる．このとき，k番目の標本点は$\nu=k/NT$であるので，式(5.3)より次式が得られる．

$$F\left(\frac{k}{NT}\right) = \sum_{n=0}^{N-1} f(nT) \exp\left(-\frac{\mathrm{i}2\pi kn}{N}\right) \quad (k=0, 1, 2, \cdots, N-1) \tag{5.4}$$

これを，$f(nT)$の離散フーリエ変換（discrete Fourier transform：DFT）という．ここで，$f(nT)$は図5.1(g)のように周期NTの周期関数になったことに注意しなければならない．また，

$$\frac{1}{N}\sum_{n=0}^{N-1} \exp\left(-\frac{\mathrm{i}2\pi kn}{N}\right) \exp\left(\frac{\mathrm{i}2\pi mn}{N}\right)$$
$$= \begin{cases} 1: & k-m\text{ が }N\text{ の整数倍の場合} \\ 0: & \text{その他の場合} \end{cases} \tag{5.5}$$

の関係があるので，$f(nT)$は次のように表せる．

$$f(nT) = \frac{1}{N}\sum_{k=0}^{N-1} F\left(\frac{k}{NT}\right) \exp\left(\frac{\mathrm{i}2\pi kn}{N}\right) \quad (k=0, 1, 2, \cdots, N-1) \tag{5.6}$$

これを離散フーリエ逆変換という．ここで，簡略化のために，

$$f(n) = f(nT) \tag{5.7}$$

$$F(k) = F\left(\frac{k}{NT}\right) \tag{5.8}$$

$$W = \exp\left(-\frac{\mathrm{i}2\pi}{N}\right) \tag{5.9}$$

とおくと，離散的フーリエ変換とその逆変換は

$$F(k) = \sum_{n=0}^{N-1} f(n) W^{kn} \tag{5.10}$$

$$f(n) = \frac{1}{N} \sum_{k=0}^{N-1} F(k) W^{-kn} \tag{5.11}$$

と表現できる．

　元の連続関数と標本化されたデータ列のペア：$f(x)$ と $f(n)$，$f(\nu)$ と $F(k)$ は，標本点の打ち切りの影響などがあって必ずしも等しくない．標本化データ列は対応する連続関数の単なる近似にすぎない．しかし，式（5.10）と式（5.11）の離散フーリエ変換対は厳密な数学的関係で結ばれていることを強調したい．

5.2　窓関数（ウインドウ関数）

　離散フーリエ変換は周期関数に対して定義されている．通常の応用においては，元の信号が比較的広い領域に存在していても，これを狭い有限の領域で切り出して，これを周期的に並べて周期関数として取り扱う．この操作は，空間にあたかも窓を開け，この窓を通して信号を観測することに相当する．

　通常，窓の内側は 1 で，その外側は 0 の矩形窓関数を使用する．この場合には，切りとられる領域の両端で，信号が急激に変化するためさまざまな不都合が生じることが多い．この困難を避けるために，窓の両端で信号がなめらかに 0 となるような重み付き窓関数が工夫されている．

　入力信号を $f(x)$，窓関数を $w(x)$ とすると，切り出された信号は次のようになる．

$$f_w(x) = f(x) \cdot w(x) \tag{5.12}$$

この信号のスペクトルは，

$$F_w(\nu) = F(\nu) * W(\nu) \tag{5.13}$$

となる．ただし，$F_w(\nu)$，$F(\nu)$，$W(\nu)$ はそれぞれ，$f_w(x)$，$f(x)$，$w(x)$ のスペク

トルである．切り出された信号が元の入力信号に近い必要があるので，$W(\nu)$ は幅が狭く急激に0となり，しかもなだらかに変化していることが望ましい．また，データ収集の立場からは，$w(x)$ の幅はなるべく狭いことが望ましい．窓関数 $w(x)$ は，このような互いに相反する条件を同時に満足する必要がある．

よく利用されている窓関数とその周波数特性を以下に述べる．

(1) 矩形窓関数

$$w_1(x) = \text{rect}(x/T) \tag{5.14}$$

$$W_1(\nu) = T \,\text{sinc}(T\nu) \tag{5.15}$$

(2) バートレット（Bartlett）窓関数

$$w_2(x) = \Lambda\left(\frac{2x}{T}\right) \tag{5.16}$$

$$W_2(\nu) = \frac{T}{2}\,\text{sinc}^2\!\left(\frac{T\nu}{2}\right) \tag{5.17}$$

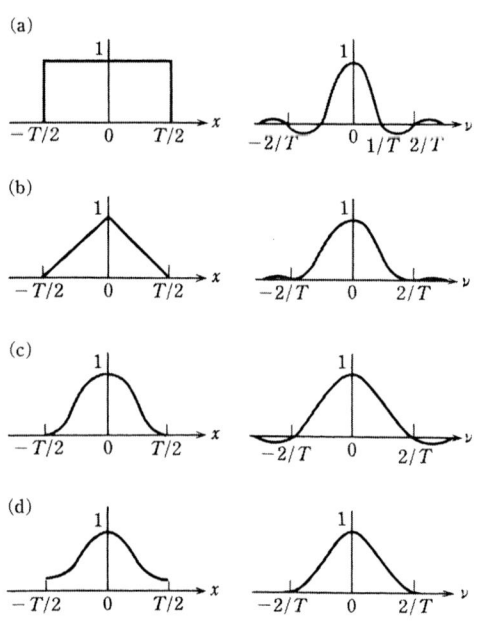

図 5.2 窓関数とそのスペクトル
(a) 矩形窓関数，(b) バートレット窓関数，(c) ハニング窓関数，(d) ハミング窓関数

(3) 一般化ハミング（Hamming）窓関数

$$w(x) = \begin{cases} \alpha + (1-\alpha)\cos\left(\dfrac{2\pi x}{T}\right) : & |x| \leqq \dfrac{T}{2} \\ 0 & : その他 \end{cases} \quad (5.18)$$

ただし，$0 \leqq \alpha \leqq 1$．

とくに，$\alpha = 0.5$ のときを「ハニング窓関数」という．すなわち，

$$w_3(x) = \begin{cases} \dfrac{1}{2}\left[1 + \cos\left(\dfrac{2\pi x}{T}\right)\right] : & |x| \leqq \dfrac{T}{2} \\ 0 & : その他 \end{cases} \quad (5.19)$$

$$W_3(\nu) = \frac{T}{2} \cdot \frac{\text{sinc}(T\nu)}{1 - T^2\nu^2} \quad (5.20)$$

また，$\alpha = 0.54$ のときは単に「ハミング窓関数」と呼ばれている．

$$w_4(x) = \begin{cases} 0.54 + 0.46\cos\left(\dfrac{2\pi x}{T}\right) : & |x| \leqq \dfrac{T}{2} \\ 0 & : その他 \end{cases} \quad (5.21)$$

$$W_4(\nu) = \frac{T}{2} \cdot \frac{1.08 - 0.16\,T^2\nu^2}{1 - T^2\nu^2} \text{sinc}(T\nu) \quad (5.22)$$

これらの窓関数とそのスペクトルを図5.2に示す．

5.3 高速フーリエ変換法の原理

ここで，式（5.10）の離散フーリエ変換

$$F(k) = \sum_{n=0}^{N-1} f(n)\,W^{kn} \quad (5.10)$$

を再び考えよう．ただし，$k = 0, 1, 2, \cdots, N-1$ で，W は

$$W = \exp\left(-\frac{\mathrm{i}2\pi}{N}\right) \quad (5.9)$$

である．式（5.10）をこの式にしたがって計算すると，すべてのスペクトル成分を N^2 回の乗算と N^2 回の加算を行わなくてはならない．一般に，数値計算においては加算は乗算にくらべて計算時間が大幅に少ないので，全体の計算時間は N^2 回の乗算の計算時間に比例すると考えられる．以下，このことを考慮

表 5.1 係数 k, n の分解 ($r_1=4, r_2=3$ の場合)

k/n	k_1	k_0	n_1	n_2
0	0	0	0	0
1	0	1	0	1
2	0	2	0	2
3	0	3	1	0
4	1	0	1	1
5	1	1	1	2
6	1	2	2	0
7	1	3	2	1
8	2	0	2	2
9	2	1	3	0
10	2	2	3	1
11	2	3	3	2

して乗算の回数で計算量を評価することにしよう.

さて，ここで標本数 N を 2 つの因数 r_1 と r_2 に分解するとしよう．すなわち，

$$N = r_1 \times r_2 \tag{5.23}$$

この因数を使って，スペクトルの係数 k を

$$k = k_1 r_1 + k_0 \tag{5.24}$$

と表す．ただし，

$$k_0 = 0, 1, 2, \cdots, r_1 - 1$$
$$k_1 = 0, 1, 2, \cdots, r_2 - 1$$

すなわち，表 5.1 に示すように，k を r_1 個ずつ r_2 個のグループに分解する．同様に，入力データ列の係数 n も次のようにする.

$$n = n_1 r_2 + n_0 \tag{5.25}$$

ただし，

$$n_0 = 0, 1, 2, \cdots, r_2 - 1$$
$$n_1 = 0, 1, 2, \cdots, r_1 - 1$$

この表式を用いると式 (5.10) は次のようになる.

$$F(k_1, k_0) = \sum_{n_1=0}^{r_1-1} \sum_{n_0=0}^{r_2-1} f(n_1, n_0) W^{kn_1 r_2} W^{kn_0} \tag{5.26}$$

ここで，n_1 の和のみを新たに

$$F_1(k_0, n_0) = \sum_{n_1=0}^{r_1-1} f(n_1, n_0) W^{kn_1 r_2} \tag{5.27}$$

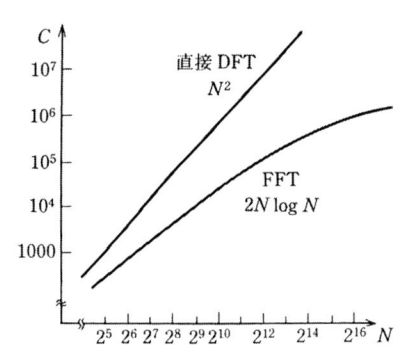

図 5.3 FFT と直接計算による方法との計算量の比較

と表す．これは N 個のデータ列を r_2 個おきに間引いたもののフーリエ変換になっている．さらに，これを式 (5.26) に代入すると，

$$F(k_1, k_0) = \sum_{n_0=0}^{r_2-1} F_1(k_0, n_0) W^{(k_1 r_1 + k_0) n_0} \tag{5.28}$$

となる．この式もフーリエ変換の形をしている．つまり，離散的フーリエ変換は，2段階の離散フーリエ変換に分解できることがわかる．ここで，式 (5.27) の離散フーリエ変換 $F_1(k_0, n_0)$ は N 個の成分から成り，各成分を計算するには r_1 回の乗算が必要であるので，全体として Nr_1 回の乗算を計算する必要がある[*1)]．したがって，この2段階の計算では合計 $N(r_1+r_2)$ の乗算を計算することになる．

このように，離散フーリエ変換の計算を2段階に分割することによって計算は $N(r_1+r_2)/N^2 = (r_1+r_2)/N$ 圧縮できることがわかる．r_1, r_2 をさらに分割することによって，なお一層計算量を削減できることに気づく．このような原理で，計算量を大幅に削減できる．このアルゴリズムが，高速フーリエ変換(FFT)である．

一般に，高速フーリエ変換法では標本数 N として，2のべき 2^m をとることが多い．このとき，m 段階に計算を分割することにしよう．計算量は次の式で与えられる．

$$C = N(2+2+\cdots+2) = N \times 2m = 2N \log_2 N \tag{5.29}$$

[*1)] もちろん，W の指数の中にあらわれる乗算 $k_0 n_1 r_2$ などの計算も必要である．これは整数の乗算であるので計算時間は少ない．ここでは，複素数の乗算のみを考慮していることに注意．

直接計算した場合と，高速フーリエ変換を利用した場合の計算時間の比較を図5.3に示した．標本数が多くなればなるほど，高速フーリエ変換の威力は顕著になることがわかる．

5.4 高速フーリエ変換のプログラミング

ここでは，高速フーリエ変換（FFT）の具体的アルゴリズムを紹介しよう．FFTのアルゴリズムとしてクーリー-ターキー法が歴史的には有名であるが，今までの説明の関連から，ここではサンデ-ターキー法と呼ばれる方法について説明しよう．この方法は，「周波数間引き（decimation in frequency）法」とも呼ばれている．

最も簡単な $N=2^n$ の場合を考え，$r_1=2, r_2=N/2$ として，$f(n)$ と $F(k)$ を2つの部分に分割する．すなわち，

$$k = 2k_1 + k_0 \tag{5.30}$$

である．ただし，$k_0=0, 1; k_1=0, 1, \cdots, N/2-1$．したがって，

$$n = \frac{N}{2} \cdot n_1 + n_0 \tag{5.31}$$

ここに，$n_0=0, 1, \cdots, N/2-1; n_1=0, 1$ である．このとき，式 (5.10) は次のようになる．

$$F(k_1, k_0) = \sum_{n_1=0}^{1} \sum_{n_0=0}^{N/2-1} f(n_1, n_0) W^{kn_1(N/2)} W^{kn_0}$$
$$= \sum_{n_0=0}^{N/2-1} [f(0, n_0) + f(1, n_0) W^{(N/2)k_0}] W^{kn_0} \tag{5.32}$$

ところで，k_0 は $k_0=0$ または1であるので，上式から次のようになる．

$$F(k_1, 0) = \sum_{n_0=0}^{N/2-1} [f(0, n_0) + f(1, n_0)] W^{2k_1 n_0} \tag{5.33}$$

$$F(k_1, 1) = \sum_{n_0=0}^{N/2-1} [f(0, n_0) - f(1, n_0)] W^{n_0} W^{2k_1 n_0} \tag{5.34}$$

式 (5.33) は $f(0, n_0) + f(1, n_0)$ の離散フーリエ変換であり，周波数を1つおきに間引いたスペクトル $F(k_1, 0)$ を与える．式 (5.34) は $[f(0, n_0) - f(1, n_0)] W^{n_0}$ の離散フーリエ変換であり，これもまた，間引きされたスペクトル $F(k_1,$

5.4 高速フーリエ変換のプログラミング

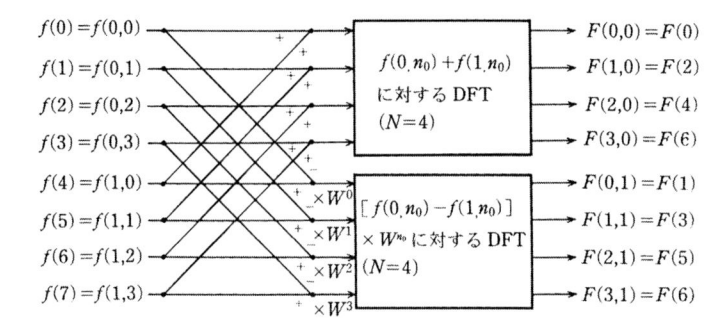

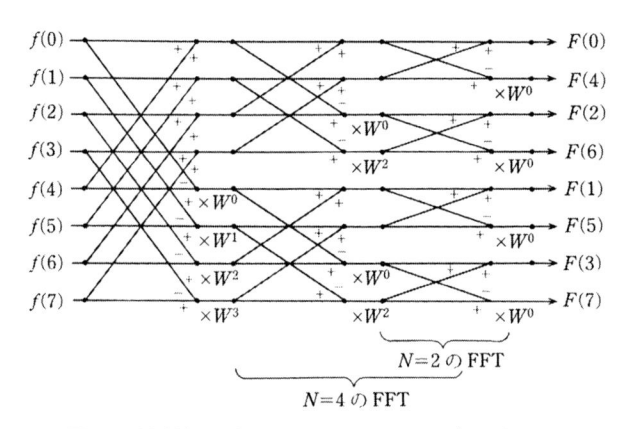

図 5.4 周波数間引き FFT のフローチャート ($N=8$)

k	周波数間引き スペクトル	正しい順序の スペクトル
$0(000)_2$	$F(0=(000)_2)$ ⟶	$F(0)$
$1(001)_2$	$F(4=(100)_2)$	$F(1)$
$2(010)_2$	$F(2=(010)_2)$	$F(2)$
$3(011)_2$	$F(6=(110)_2)$	$F(3)$
$4(100)_2$	$F(1=(001)_2)$	$F(4)$
$5(101)_2$	$F(5=(101)_2)$	$F(5)$
$6(110)_2$	$F(3=(011)_2)$	$F(6)$
$7(111)_2$	$F(7=(111)_2)$ ⟶	$F(7)$

図 5.5 ビット逆転の操作

```cpp
#include <iostream>
#include <string>
#include <complex>
using namespace std;

//--------------------------------------
//log_2(n) を計算
//n:2の自然数乗，以上
//--------------------------------------
int inv2pow (int n)
{
  int m=0;
      m=(int)(log((double)n)/log(2.0));
  return m;
}

//--------------------------------------
//fft を実行
//x:      1次元被フーリエ変換データ
//n:      配列 x の要素数
//func:   1 ( フーリエ変換の場合）
//       -1 （逆フーリエ変換の場合）
//--------------------------------------
int fft(complex<double>x[], int n, int func)
{
  int pow_2;
  int mainloop;
  int mx, i, j, k;
  double phase_int, arg;
  complex<double>w, w_tmp,x_tmp1,x_tmp2;

  pow_2=inv2pow(n);
  mx=n;
  phase_int=2.0*3.141592653/(double)n;

  for(mainloop=0;mainloop<pow_2;mainloop++)
  {
    int switchloop;
    int mx_1;

    mx_1=mx-1;
    mx/=2;
    arg=0.0;

    for(switchloop=0;switchloop<mx;switchloop++)
    {
      w_tmp=complex<double>(0.0,-func*arg);
      w=exp(w_tmp);
      arg+=phase_int;
      for(i=mx_1;i<n;i+=(mx_1+1))
      {
        int j1, j2;

        j1=i-mx_1+switchloop;
        j2=j1+mx;
        x_tmp1=x[j1]+x[j2];
        x_tmp2=x[j1]-x[j2];
        x[j1]=x_tmp1;
        x[j2]=x_tmp2*w;
      }
    }
    phase_int*=2.0;
  }

//--------------------------------------
// 逆フーリエ変換
//--------------------------------------
  if(func<0)
  for(i=0;i<n;i++)
  {
    x[i]=x[i]/(double)n;
  }

//--------------------------------------
// ビット逆転
//--------------------------------------
  j=0;
  for(i=0;i<n-1;i++)
  {
    complex<double>x_tmp;
    if(i<j)
    {
      x_tmp=x[i];
      x[i]=x[j];
      x[j]=x_tmp;
    }
    k=n/2;
    while(k<=j)
    {
      j=j-k;
      k/=2;
    }
    j=j+k;
  }

//--------------------------------------
  return 0;
}
```

図 5.6　C 言語（MS-C）による FFT プログラム例

5.4 高速フーリエ変換のプログラミング

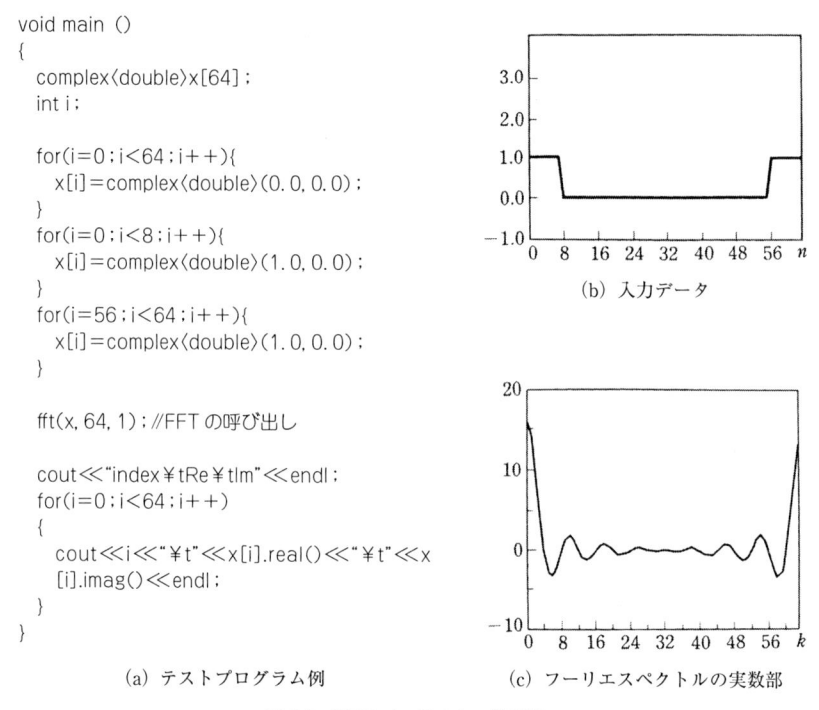

```
void main ()
{
  complex<double>x[64];
  int i;

  for(i=0;i<64;i++){
    x[i]=complex<double>(0.0,0.0);
  }
  for(i=0;i<8;i++){
    x[i]=complex<double>(1.0,0.0);
  }
  for(i=56;i<64;i++){
    x[i]=complex<double>(1.0,0.0);
  }

  fft(x,64,1); //FFTの呼び出し

  cout<<"index\tRe\tIm"<<endl;
  for(i=0;i<64;i++)
  {
    cout<<i<<"\t"<<x[i].real()<<"\t"<<x[i].imag()<<endl;
  }
}
```

(a) テストプログラム例　　(b) 入力データ　　(c) フーリエスペクトルの実数部

図 5.7　FFT プログラムの使用例

1)を与える．このような理由から，このアルゴリズムは周波数間引き法と呼ばれるのである．

これらの離散フーリエ変換もまた，標本点を2つに分解するという方法で，次々とより小さな離散フーリエ変換の計算に帰着させることができる．図 5.4 は，$N=8$ の場合を模式的に示したものである．はじめに，2つの $N=4$ の離散フーリエ変換に分解され，これが4つの $N=2$ の離散フーリエ変換に分解される．

分割が一段進むたびに周波数の間引きも繰り返され，最終的に得られるスペクトルは $F(0), F(4), F(2), F(6), F(1), F(5), F(7)$ の順になる．

これを正しい順序に入れ換える必要がある．1つおきの周波数間引きを繰り返してもよいが，もっと効率の良いアルゴリズムがある．図 5.5 のように，周波数間引きされたスペクトルの位置を示す係数 l と正しいスペクトルの順序を

表す係数 k の2進表現をみると，互いにビットが逆転していることに気がつく．したがって，例えば，2番目のスペクトルは $2=(001)_2$ であるので $(100)_2=4$ 番目のスペクトルと交換すればよい．これを次々と繰り返せば正しいスペクトル列が得られる．すでに交換したスペクトルを再度交換してはいけないので，この判定には，k をビット逆転して l が得られ，$l \leq k$ ならばすでに交換されたものであることに注目すればよい．図5.6にC言語によるFFTのプログラム例を，図5.7に計算例を示す．

$N \times N$ の2次元フーリエ変換は，その定義から次のように書かれる．

$$F(k, j) = \sum_{m=0}^{N-1} \sum_{n=0}^{N-1} f(m, n) W^{km} \cdot W^{jn} \tag{5.35}$$

ここで，x 方向の離散フーリエ変換を

$$F_x(k, n) = \sum_{m=0}^{N-1} f(m, n) W^{km} \tag{5.36}$$

とすれば，式 (5.35) は

$$F(k, j) = \sum_{n=0}^{N-1} F_x(k, n) W^{jn} \tag{5.37}$$

と分解できることから，1次元フーリエ変換を x 方向と y 方向に繰り返せばよいことがわかる．

問　題

5.1 式 (5.5) を証明せよ．
5.2 離散フーリエ変換において，線形性，相似則とシフト則が成立することを示せ．
5.3 離散フーリエ変換において，コンボリューション定理，相関定理とパーシバルの式が成立することを示せ．
5.4 FFTのプログラムを用いて，$\mathrm{rect}(x)$ と $\mathrm{rect}(x-a)$ を計算し，そのスペクトルの実部と虚部をグラフで示せ．
5.5 離散フーリエ変換を直接計算するプログラムを書け．これと，FFTによるものとの計算時間を比較せよ．
5.6 FFTを用いて，$\mathrm{rect}(x)$ と $\mathrm{rect}(ax)$ のコンボリューションを計算せよ．
5.7 $N=2^M$ のデータ列の自己相関関数を計算する場合，FFTを用いた場合と用いない場合の計算量を比較せよ．
5.8 データ数 N の実数データ列がある場合には，これを偶数番目のデータと奇数番目のデータに分け，FFTの計算量を効率化することができる．
　　データ数 N の実数例 $f(n)$，$(n=0, 1, \cdots, N-1)$ がある場合に，これを偶数番目のデータ列 $f(2m)$ と奇数番目のデータ列 $f(2m+1)$ の2つに分ける．

$$g_1(m) = f(2m)$$
$$g_2(m) = f(2m+1) \quad (m = 0, 1, \cdots, N/2 - 1)$$

これを用いて複素数列

$$h(m) = g_1(m) + ig_2(m)$$

をつくることにする.このとき,データ数 $N/2$ の複素数列 $h(m)$ の FFT により,データ数 N の実数列 $f(n)$ のフーリエ変換が計算できることを示せ.

また,2つの実数のデータ列が2つある場合にも,FFT の計算量を効率化することができる.どのような工夫をすればよいか.

参 考 図 書

(＊入門書として適当)

B. Gold and C. M. Rader：Digital Processing of Signals, McGraw-Hill, New York (1969), Chapter 6.（石田晴久訳：計算機による信号処理,共立出版,1972）

＊E. O. Brigham：The Fast Fourier Transform, Prentice-Hall, New Jersey (1974).（宮川洋,今井秀樹訳：高速フーリエ変換,科学技術出版社,1978）

有本 卓：信号・画像のディジタル処理,産業図書 (1980),第4章.

＊安居院猛,中嶋正之：FFT の使い方,産報出版 (1981).

H. J. Nussbaumer：Fast Fourier Transform and Convolution Algorithms, Springer-Verlag, Berlin (1981),（佐川雅彦,本間仁志訳：高速フーリエ変換のアルゴリズム,科学技術出版社,1989）

間宮真佐人,西川利男：化学計測のためのフーリエ変換法入門,共立出版 (1983),第3章,第4章.

城戸健一：ディジタルフーリエ解析 I,コロナ社 (2007),第5章.

6

フーリエ光学

　ここではフーリエ変換と線形システムの考え方を用いて光学系の特性を解析する．はじめに，フレネル回折がある関数とコンボリューションの形で表されること，レンズにより2次元フーリエ変換を行うことができることを説明する．次に，この関係を利用すると，いろいろな結像光学系の結像特性や光学性能を体系的に理解できることを示す．また角スペクトル法による光波伝播の計算法についてもふれる．

6.1　フレネル回折

　ここで再びフレネル回折の式を想い起こそう．図6.1の光学配置において，面 P_1 における光波の振幅分布を $f(x, y)$，面 P_2 におけるそれを $g(x, y)$ とする．2面間の距離 l がフレネル回折の条件を満足するときには，式 (2.39) より，

$$g(x_0, y_0) = \frac{A}{\mathrm{i}\lambda l} \iint f(x_i, y_i) \times \exp\left\{\mathrm{i}\frac{\pi}{\lambda l}[(x_i - x_0)^2 + (y_i - y_0)^2]\right\} \mathrm{d}x_i \mathrm{d}y_i \quad (6.1)$$

と書ける．ただし，$\exp(\mathrm{i}kR)$ の項は省略した．この式は，コンボリューショ

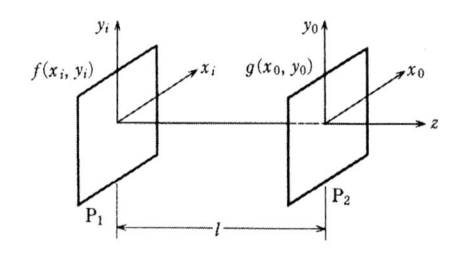

図6.1　フレネル回折計算のための座標系

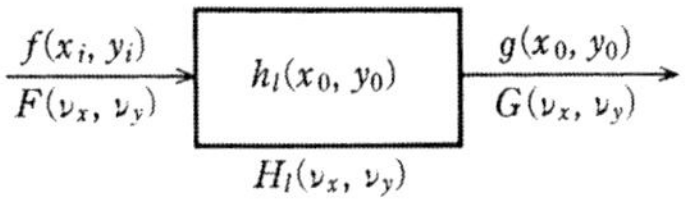

図 6.2 フレネル回折のシステム表示

ンの表示を使うと、簡単に次のようになる.

$$g(x_0, y_0) = Af * h_l(x_0, y_0) \tag{6.2}$$

ここで,

$$h_l(x_0, y_0) = \frac{1}{i\lambda l} \exp\left[i\frac{\pi}{\lambda l}(x_0^2 + y_0^2)\right] \tag{6.3}$$

式 (6.2) は、応答関数を $h_l(x_0, y_0)$ とする線形システムの入力が $f(x_i, y_i)$ のとき、その出力が $g(x_0, y_0)$ であることを示している. また、式 (6.2) の関係をフーリエ変換すると次のようになる.

$$G(\nu_x, \nu_y) = C \cdot F(\nu_x, \nu_y) \cdot H_l(\nu_x, \nu_y) \tag{6.4}$$

ただし、C は定数で,

$$G(\nu_x, \nu_y) = \mathscr{F}[g(x_0, y_0)] \tag{6.5}$$

$$F(\nu_x, \nu_y) = \mathscr{F}[f(x_i, y_i)] \tag{6.6}$$

$$H_l(\nu_x, \nu_y) = \mathscr{F}[h_l(x_0, y_0)]$$
$$= \exp[-i\lambda l\pi(\nu_x^2 + \nu_y^2)] \tag{6.7}$$

このシステムを図示すると、図 6.2 のようになる.

インパルス応答の考え方によれば、入力面 P_1 に点光源 $\delta(x_i, y_i)$ があるときの出力が $h_l(x_0, y_0)$ であることに注意しよう. この式 (6.3) は、式 (1.43) の形をしているので、球面波であることがわかる[*1)].

6.2 レンズのフーリエ変換作用

次に、レンズの働きを解析してみよう (問 6.5 参照). 図 6.3 のように、点光源 S がレンズの前方、距離 a の位置にあり、その像 P がレンズの後方から b の距離にできたとしよう. レンズの公式によると、レンズの焦点距離が f の場合には次の関係が成立する.

[*1)] 正しくは、回転放物面の形をしている波面である.

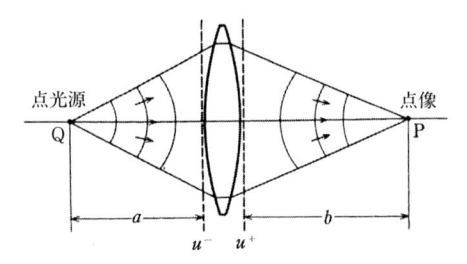

図 6.3 レンズの作用

$$\frac{1}{a}+\frac{1}{b}=\frac{1}{f} \tag{6.8}$$

点光源 Q より発生し，レンズの前面に到達する波面は球面波であるので，

$$u^{-}(x, y) = A \exp\left[i\frac{\pi}{\lambda a}(x^2+y^2)\right] \tag{6.9}$$

と書ける．同様に，点像 P に収束する波面はレンズの直後では，

$$u^{+}(x, y) = A' \exp\left[-i\frac{\pi}{\lambda b}(x^2+y^2)\right] \cdot p(x, y) \tag{6.10}$$

となる．ここで $p(x, y)$ はレンズの開口を表す関数で，瞳関数と呼ばれ，次のように定義される．

$$p(x, y) = \begin{cases} 1 : \text{レンズの内側} \\ 0 : \text{レンズの外側} \end{cases} \tag{6.11}$$

また，レンズの複素振幅透過率を $t(x, y)$ とすると，t は次のように与えられる．

$$t(x, y) = \frac{u^{+}(x, y)}{u^{-}(x, y)} \tag{6.12}$$

ここで，レンズを透過しても振幅は変化しないとすると，$A = A'$ である．さらに，式 (6.8) を用いると次のようになる．

$$t(x, y) = \exp\left[-i\frac{\pi}{\lambda f}(x^2+y^2)\right] \cdot p(x, y) \tag{6.13}$$

よって，レンズの作用をシステム的に表すと図 6.4 が得られる．

次に，図 6.5 のようにレンズの前方 l に物体 $f(x, y)$ があり，これをレンズの後側焦点面で観測する場合を考えよう．物体から距離 l だけ波面が伝播するのはフレネル回折であるから，式 (6.2) を用いると，レンズ直前に到達した波面は，

6.2 レンズのフーリエ変換作用

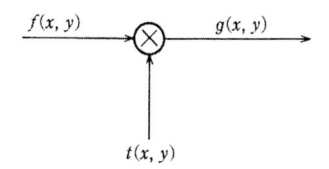

図6.4 レンズのシステム表示

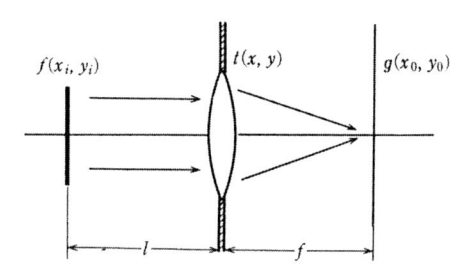

図6.5 レンズのフーリエ変換作用

$$u^-(x, y) = f(x, y) * \frac{1}{i\lambda l} \exp\left[i\frac{\pi}{\lambda l}(x^2 + y^2)\right]$$

$$= \frac{1}{i\lambda l} \iint f(x_i, y_i) \exp\left\{i\frac{\pi}{\lambda l}[(x-x_i)^2 + (y-y_i)^2]\right\} dx_i dy_i \quad (6.14)$$

と書ける．また，このフーリエ変換は，

$$U^-(\nu_x, \nu_y) = F(\nu_x, \nu_y) \exp[-i\lambda l\pi(\nu_x^2 + \nu_y^2)] \quad (6.15)$$

である．レンズを透過した直後の波面は次のようになる．

$$u^+(x, y) = t(x, y) u^-(x, y) \quad (6.16)$$

さらに，この波面が焦点面まで伝播すると，これもフレネル回折により次のように書ける．

$$g(x_0, y_0) = u^+(x, y) * \frac{1}{i\lambda f} \exp\left[i\frac{\pi}{\lambda f}(x^2 + y^2)\right]$$

$$= \frac{\pi}{i\lambda f} \iint u^+(x, y) \exp\left\{i\frac{\pi}{\lambda f}[(x_0-x)^2 + (y_0-y)^2]\right\} dx dy \quad (6.17)$$

上式に式 (6.16) と式 (6.13) を代入すると次のようになる．

$$g(x_0, y_0) = \frac{1}{i\lambda f} \exp\left[i\frac{\pi}{\lambda f}(x_0^2 + y_0^2)\right]$$

$$\times \iint u^-(x,y) p(x,y) \exp\left[-\mathrm{i}\frac{2\pi}{\lambda f}(xx_0+yy_0)\right]\mathrm{d}x\mathrm{d}y$$

$$= \frac{1}{\mathrm{i}\lambda f}\exp\left[\mathrm{i}\frac{\pi}{\lambda f}(x_0^2+y_0^2)\right]U^-(\nu_x,\nu_y) \ast P(\nu_x,\nu_y) \tag{6.18}$$

ただし，

$$\nu_x = \frac{x_0}{\lambda f} \tag{6.19}$$

$$\nu_y = \frac{y_0}{\lambda f} \tag{6.20}$$

$$U^-(\nu_x,\nu_y) = \mathscr{F}[u^-(x,y)] \tag{6.21}$$

$$P(\nu_x,\nu_y) = \mathscr{F}[p(x,y)] \tag{6.22}$$

ここで，レンズの口径は十分広いとすると，$p(x,y)=1$ と見なせるので，

$$P(\nu_x,\nu_y) = \delta(\nu_x,\nu_y) \tag{6.23}$$

となる．よって，式（6.15）より次の関係式が得られる．

$$g(x_0,y_0) = \frac{1}{\mathrm{i}\lambda f}\exp\left[\mathrm{i}\frac{\pi}{\lambda f}\left(1-\frac{l}{f}\right)(x_0^2+y_0^2)\right]\cdot F\left(\frac{x_0}{\lambda f},\frac{y_0}{\lambda f}\right) \tag{6.24}$$

このように，レンズの焦点面では入力信号 $f(x,y)$ のフーリエ変換が得られる．ただし，位相項 $\exp[\mathrm{i}\pi(1-l/f)(x_0^2+y_0^2)/\lambda f]$ が付いていることに注意したい．もちろん，$l=f$，つまり入力信号がレンズの前側焦点面にあれば，この位相項はなくなり，完全なフーリエ変換が得られる．これがレンズのフーリエ変換作用である．

6.3　コヒーレント結像

今までの議論では，暗黙のうちに単色の光のみを考えて回折現象を計算してきた．そして，物体上の各点から発する光は互いにコヒーレントであるとしてきた．このような条件のもとに結像の現象を解析しよう．まず，光波の伝播現象は線形で，波動の振幅に対して重ね合わせの原理が成立するとしよう．物体をレンズなどの光学系で像面に結像する場合にも，この重ね合わせの原理が成立する．いま，図6.6の光学配置で物体は P_1 面にあり，これが光学系によって観測面 P_2 に像をつくっているとしよう．物体上の一点 (x_i,y_i) の観測面に

6.3 コヒーレント結像

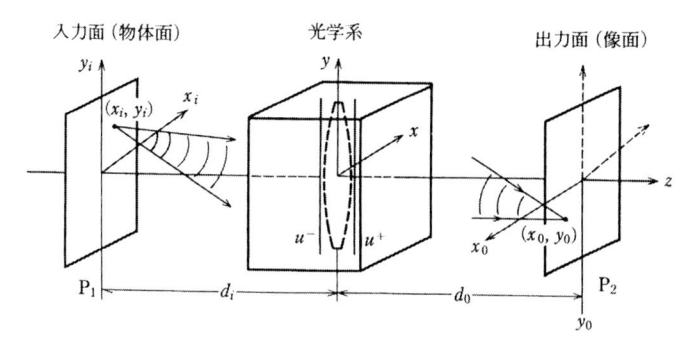

図6.6 結像光学系

対する寄与を $h(x_0, y_0; x_i, y_i)$ とすると，物体の振幅分布が $f(x_i, y_i)$ であるとき，観測面における振幅分布は，

$$g(x_0, y_0) = \iint_{-\infty}^{\infty} f(x_i, y_i) h(x_0, y_0; x_i, y_i) \mathrm{d}x_i \mathrm{d}y_i \tag{6.25}$$

のような重ね合わせ積分で書ける．$h(x_0, y_0; x_i, y_i)$ はインパルス応答で，点応答関数あるいは点像分布とも呼ばれている．光学系が理想的であるとすると，観測面における点像分布は理想的な点，すなわちデルタ関数

$$\begin{aligned} h(x_0, y_0; x_i, y_i) &= g(x_0, y_0) \\ &= A\delta(x_0 \pm mx_i, y_0 \pm my_i) \end{aligned} \tag{6.26}$$

になるはずである．ただし，A は複素定数，m は光学系の倍率で，＋のときは正立像，－のときは倒立像になる．

しかし，一般には，像点の強度分布は点にはならない．光学系がいかに優れた結像特性をもっていても，光学系の開口の大きさは有限であるので，必ず回折による広がりをもつからである．

次に，この点応答関数の形を計算してみよう．いま，図6.6に示すように，点物体は結像系（レンズ）の前方 d_i の物体面 P_1 にあり，その座標は (x_i, y_i) で，振幅1の単色光で照明されているものとする．物体面 P_1 で散乱された直後の波面の複素振幅分布は $\delta(x - x_i, y - y_i)$ と書ける．レンズの後方 d_0 に結像面 P_2 があり，その面における波面の振幅分布を計算すれば，点応答関数 $h(x_0, y_0; x_i, y_i)$ が求められる．

まず，波面 $f(x_i, y_i)$ がレンズ直前の面まで伝播し，次に，レンズの通過に伴っ

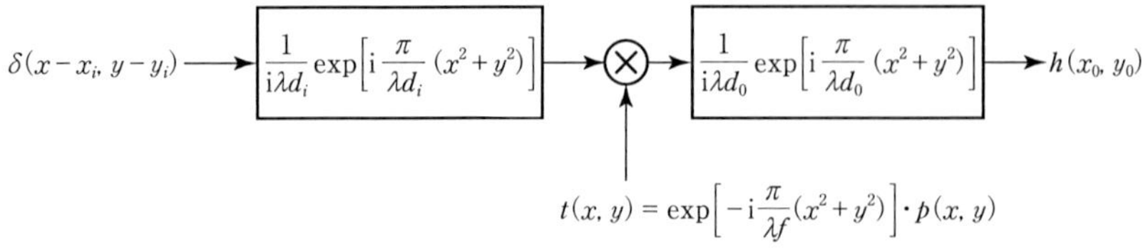

$$\delta(x-x_i, y-y_i) \longrightarrow \boxed{\frac{1}{\mathrm{i}\lambda d_i}\exp\left[\mathrm{i}\frac{\pi}{\lambda d_i}(x^2+y^2)\right]} \longrightarrow \otimes \longrightarrow \boxed{\frac{1}{\mathrm{i}\lambda d_0}\exp\left[\mathrm{i}\frac{\pi}{\lambda d_0}(x^2+y^2)\right]} \longrightarrow h(x_0, y_0)$$

$$t(x, y) = \exp\left[-\mathrm{i}\frac{\pi}{\lambda f}(x^2+y^2)\right]\cdot p(x, y)$$

図 6.7 結像光学計のシステム表示(点物体の場合)

て特性 $t(x, y)$ が掛けられ,再びフレネル変換を受けて像面に到達する.これをまとめると図 6.7 のようになる.計算の過程は式 (6.14),(6.16),(6.17) と同じで,次のようになる.

$$u^{-}(x, y) = \delta(x-x_i, y-y_i) * \frac{1}{\mathrm{i}\lambda d_i}\exp\left[\mathrm{i}\frac{\pi}{\lambda d_i}(x^2+y^2)\right] \tag{6.27}$$

$$u^{+}(x, y) = t(x, y) \times u^{-}(x, y) \tag{6.28}$$

$$g(x_0, y_0) = u^{+}(x_0, y_0) * \frac{1}{\mathrm{i}\lambda d_0}\exp\left[\mathrm{i}\frac{\pi}{\lambda d_0}(x_0^2+y_0^2)\right] \tag{6.29}$$

よって,次の式が得られる.

$$\begin{aligned}
h(x_0, y_0; x_i, y_i) &= g(x_0, y_0) \\
&= \frac{1}{\lambda^2 d_i d_0}\exp\left[\mathrm{i}\frac{\pi}{\lambda d_0}(x_0^2+y_0^2)\right]\exp\left[\mathrm{i}\frac{\pi}{\lambda d_i}(x_i^2+y_i^2)\right] \\
&\quad \times \iint p(x, y)\exp\left[\mathrm{i}\frac{\pi}{\lambda}\left(\frac{1}{d_i}+\frac{1}{d_0}-\frac{1}{f}\right)(x^2+y^2)\right] \\
&\quad \times \exp\left\{-\mathrm{i}\frac{2\pi}{\lambda}\left[\left(\frac{x_i}{d_i}+\frac{x_0}{d_0}\right)x+\left(\frac{y_i}{d_i}+\frac{y_0}{d_0}\right)y\right]\right\}\mathrm{d}x\mathrm{d}y \tag{6.30}
\end{aligned}$$

上式で,積分の外に出ている位相項 $\exp[\mathrm{i}\pi/\lambda d_0\cdot(x_0^2+y_0^2)]$ は,観測できるのは像の強度であるので,無視しても差しつかえない.一方,もう 1 つの位相項 $\exp[\mathrm{i}\pi/\lambda d_i\cdot(x_i^2+y_i^2)]$ は,重ね合わせの積分 (6.25) の積分変数を含むので簡単には無視できない.しかし,通常の結像系では,物体面全体が像面上の 1 点に寄与しているわけではなく,きわめて限られた部分のみが像点に寄与しているので,事実上,$x_i = x_0/m$,$y_i = y_0/m$ と見なせる.したがって,この位相項も (x_0, y_0) の関数となり,前の位相項が無視できたのと同様の理由で無視してもよいことがわかる.このとき,式 (6.30) は次のようになる.

$$h(x_0, y_0; x_i, y_i) = \frac{1}{\lambda^2 d_i d_0} \iint p(x, y) \exp\left[i\frac{\pi}{\lambda}\left(\frac{1}{d_i} + \frac{1}{d_0} - \frac{1}{f}\right)(x^2 + y^2)\right]$$
$$\times \exp\left\{-i\frac{2\pi}{\lambda}\left[\left(\frac{x_i}{d_i} + \frac{x_0}{d_0}\right)x + \left(\frac{y_i}{d_i} + \frac{y_0}{d_0}\right)y\right]\right\} dx dy \quad (6.31)$$

ここで，レンズの結像関係

$$\frac{1}{d_i} + \frac{1}{d_0} - \frac{1}{f} = 0 \quad (6.32)$$

を用いると，h は次のようになる．

$$h(x_0, y_0; x_i, y_i)$$
$$= \frac{1}{\lambda^2 d_i d_0} \iint_{-\infty}^{\infty} p(x, y) \exp\left\{-i\frac{2\pi}{\lambda}\left[\left(\frac{x_i}{d_i} + \frac{x_0}{d_0}\right)x + \left(\frac{y_i}{d_i} + \frac{y_0}{d_0}\right)y\right]\right\} dx dy \quad (6.33)$$

また，倍率 m は

$$m = \frac{d_0}{d_i} \quad (6.34)$$

であるので，式 (6.33) は次のように書ける．

$$h(x_0, y_0; x_i, y_i)$$
$$= \frac{1}{\lambda^2 d_i d_0} \iint p(x, y) \exp\left\{-i\frac{2\pi}{\lambda d_0}[(x_0 + mx_i)x + (y_0 + my_i)y]\right\} dx dy \quad (6.35)$$

ここで，式 (2.53) と式 (2.54) の場合と同様に，換算座標を

$$\nu_x = \frac{x}{\lambda d_0} \quad (6.36)$$

$$\nu_y = \frac{y}{\lambda d_0} \quad (6.37)$$

と定義すると，h は次のようになる．

$$h(x_0, y_0; x_i, y_i)$$
$$= m \iint p(\lambda d_0 \nu_x, \lambda d_0 \nu_y) \exp\{-i2\pi[(x_0 + mx_i)\nu_x + (y_0 + my_i)\nu_y]\} d\nu_x d\nu_y \quad (6.38)$$

すなわち，点応答関数は瞳関数 $p(\lambda d_0 \nu_x, \lambda d_0 \nu_y)$ のフーリエ変換であることがわかる．さらに次の座標変換，

$$x_i' = -mx_i \quad (6.39)$$
$$y_i' = -my_i \quad (6.40)$$

をほどこすと，点応答関数は $x_0 - x_i'$ と $y_0 - y_i'$ の関数になり，

$$h(x_0-x_i', y_0-y_i')$$
$$= m\iint p(\lambda d_0\nu_x, \lambda d_0\nu_y) \times \exp\{-i2\pi[(x_0-x_i')\nu_x+(y_0-y_i')\nu_y]\}d\nu_x d\nu_y \qquad (6.41)$$

と書けることになる．したがって，点応答関数は座標差のみの関数となり，その形は物体の絶対的位置によらず不変である．すなわち，この光学系は空間不変である．式（6.25）の重ね合わせ積分はコンボリューション積分で表せる．

$$g(x_0, y_0) = \frac{1}{m^2}\iint f\left(-\frac{x_i'}{m}, -\frac{y_i'}{m}\right)h(x_0-x_i', y_0-y_i')dx_i'dy_i' \qquad (6.42)$$

ここで，P_2 面の座標を式（6.39）と式（6.40）にしたがって定義しなおし，これをあらためて (x_i, y_i) とおき，さらに，$h(x_0, y_0; x_i, y_i)/m$ と $f(x_i, y_i)/m$ をそれぞれ $h(x_0-x_i, y_0-y_i)$ と $f(x_i, y_i)$ と定義すれば，次のようになる．

$$g(x_0, y_0) = \iint f(x_i, y_i)h(x_0-x_i, y_0-y_i)dx_i dy_i = f*h(x_0, y_0) \qquad (6.43)$$

このときの像の強度分布は，
$$I_c = |f*h(x_0, y_0)|^2 \qquad (6.44)$$

である．ここで，使用波長 λ が十分小さく，レンズの開口が十分大きいとすると，常に $p=1$ と見なせるので，式（6.41）から次の関係が得られる．

$$h(x_0, y_0; x_i, y_i) = \delta(x_0-x_i, y_0-y_i) \qquad (6.45)$$

このときには，回折の影響は無視できて，理想的な点像が得られる．

6.4 インコヒーレント光の照明による結像

レーザのような特別な光源を使わないで，通常の白色光源で物体を照明すると，物体の各点から散乱される光波は互いにインコヒーレントである．物体上の 2 点 (x_i, y_i) と (x_i', y_i') からくる光波の振幅を $f(x_i, y_i)$ と $f(x_i', y_i')$ とする．後の 8.4 節で述べるが，2 つの光波がインコヒーレントであるとは，互いの振幅の積の時間平均 $\langle f(x_i, y_i)f^*(x_i', y_i')\rangle$ が次のように書けることである．

$$\langle f(x_i, y_i)f^*(x_i', y_i')\rangle = cI_f(x_i, y_i)\delta(x_i-x_i', y_i-y_i') \qquad (6.46)$$

ただし，c は定数である．すなわち，同一点から発した光波のみが干渉して強度 $I(x_i, y_i)$ をもたらすが，他点間では干渉せず，強度は完全に 0 になる．

このとき，像の強度分布も，

$$I_i(x_0, y_0) = c \iint |h(x_0 - x_0', y_0 - y_0')|^2 I_f(x_0', y_0') \mathrm{d}x_0' \mathrm{d}y_0' \tag{6.47}$$

と書ける．すなわち，像の強度は点応答関数の強度 $|h|^2$ と物体の強度分布 I_f とのコンボリューションになる．この関係はコヒーレント結像では点応答関数 h と物体振幅 f のコンボリューションで像の振幅分布が計算できたことに対応している．コヒーレント結像の場合に像強度を計算するには，はじめに像の振幅分布を計算しておき，これの絶対値の 2 乗をとる必要がある．これらの関係をまとめると次のようになる．

コヒーレント結像： $I_c = |h * f|^2$

インコヒーレント結像： $I_i = |h|^2 * I_f = |h|^2 * |f|^2$

6.5 光学系の周波数応答関数

ここで光学系の周波数応答関数（optical transfer function；OTF）を考えてみよう．4.3 節と 4.4 節で述べたように，周波数応答関数はその線形システムの特性に関する情報をすべて含んでいるからである．

(1) コヒーレント結像系 コヒーレント結像系では，物体と点応答関数の振幅に関するコンボリューション積分によって像の振幅が与えられるので，周波数応答関数としては，点応答関数の振幅分布のフーリエ変換を考えるのが妥当である．式 (6.41) より，$m = 1$ として，

$$h(x_0, y_0) = \iint p(\lambda d_0 \nu_x, \lambda d_0 \nu_y) \exp[-\mathrm{i}2\pi(x_0 \nu_x + y_0 \nu_y)] \mathrm{d}\nu_x \mathrm{d}\nu_y \tag{6.48}$$

となるので，次の関係が得られる．

$$\begin{aligned} H(\nu_x, \nu_y) &= \mathscr{F}[h(x_0, y_0)] \\ &= \mathscr{F}\{\mathscr{F}[p(\lambda d_0 \nu_x, \lambda d_0 \nu_y)]\} \\ &= p(-\lambda d_0 \nu_x, -\lambda d_0 \nu_y) \end{aligned} \tag{6.49}$$

瞳関数の座標系をあらかじめ開口関数を用いて，

$$H(\nu_x, \nu_y) = p(\lambda d_0 \nu_x, \lambda d_0 \nu_y) \tag{6.50}$$

のように選ぶと，コヒーレント結像系に対する OTF は瞳関数そのものになる．

瞳が円形で，その直径が D の理想結像系の OTF を図 6.8(a) に示す．なお，

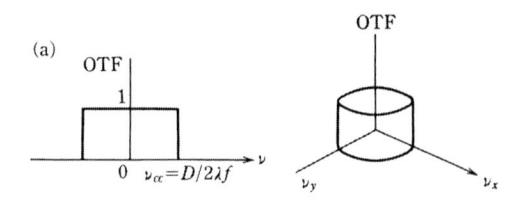

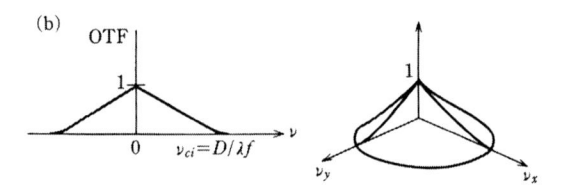

図 6.8 コヒーレント理想結像系の OTF (a) とインコヒーレント理想結像系の OTF (b)

この結像系が透過できる最高の空間周波数(これをカットオフ周波数という)は,

$$\nu_{cc} = \frac{D}{2\lambda f} \tag{6.51}$$

である.

(2) インコヒーレント結像系 インコヒーレント結像系では,像強度分布が物体強度と点応答関数の強度分布のコンボリューションによって与えられる. すなわち,OTF は

$$H(\nu_x, \nu_y) = \mathscr{F}[|h(x_0, y_0)|^2] \tag{6.52}$$

で与えられる. 通常は,0 周波数の値で規格化するので次のようになる.

$$\begin{aligned}
H(\nu_x, \nu_y) &= \frac{\mathscr{F}[|h(x_0, y_0)|^2]}{\mathscr{F}[|h(x_0, y_0)|^2]_{\nu_x=0, \nu_y=0}} \\
&= \frac{H(\nu_x, \nu_y) \star H^*(\nu_x, \nu_y)}{|H|^2} \\
&= \frac{p(\lambda d\nu_x, \lambda d\nu_y) \star p^*(\lambda d\nu_x, \lambda d\nu_y)}{|p|^2}
\end{aligned} \tag{6.53}$$

すなわち, インコヒーレント結像系の OTF は瞳関数の自己相関関数である.

同じく, 瞳関数が直径 D の円形である理想結像系の場合には, OTF は図 6.8 (b) のようになる. このときのカットオフ周波数は

$$\nu_{ci} = \frac{D}{\lambda f} \tag{6.54}$$

でコヒーレントの場合の2倍になっている．

6.6 解　像　力

　光学系の性能を評価するのにOTFの概念が重要であることは前述した通りである．ここでは，光学系の性能指標の1つとして広く利用されている"解像力"と"OTF"の関係を考えてみよう．

　解像力は，光学系がどの程度まで細かな物体まで解像できるかの指針である．これは，像を肉眼で観測するのか，光電的な検出器によるのかにも依存するので，客観的に解像限界を定義することはむずかしい．

　従来からよく利用されている解像力限界に，レイリーの規範（Rayleigh criterion）がある．これは，互いにインコヒーレントな2つの点物体を考え，これがどの程度まで接近しても像が分離して見えるか，の基準を与えるものである．光学系には収差がなく理想的であるとしよう．図6.9のように物体が十分離れていれば，その像は明らかに分離して見えるが，両者の距離が接近すると，2つの像は融合し，ついには1つの像として認識されるようになる．このときの点像の強度分布は式（2.66）より次のように与えられる．

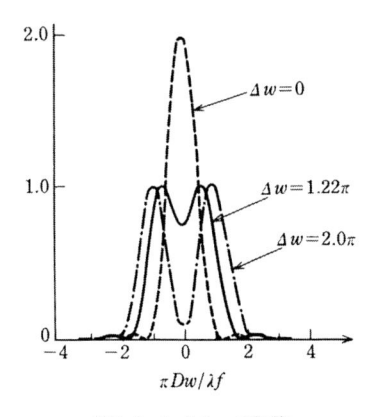

図6.9　レイリーの規範

$$I(w) = I_0 \left[\frac{2J_1\left(\frac{kD}{2f}w\right)}{\frac{kD}{2f}w} \right]^2 \tag{6.55}$$

レイリーの規範とは，1つの像の強度最大位置と他の像の強度最小位置とが一致するまで接近しても，両者は区別できるというものである．すなわち，式 (2.68) より，エアリの円盤の第1暗輪の半径は

$$\Delta w = 1.22 \frac{\lambda f}{D} \tag{6.56}$$

であるので，レイリー規範による両者の接近可能距離 L は

$$L = 1.22 \frac{\lambda f}{D} \tag{6.57}$$

となる．このとき，中間点の強度は最大値よりも約 20% 低下している．

この逆数が解像力 R である．

$$R = \frac{1}{L} = 0.82 \frac{D}{\lambda f} \tag{6.58}$$

OTF の考察から得たカットオフ周波数 $\nu_{ci} = D/\lambda f$ と解像力 R とには約 20% の差異があるが，解像力 R とカットオフ周波数とはよく対応している．OTF が各周波数に対する応答の情報をもっているのに対して，解像力 R はカットオフ周波数に対する情報のみを与える．瞳関数が矩形の場合には，式 (2.59) より，sinc 関数がはじめて 0 になるのは $(D_x/\lambda R)x_0 = 1$ であるので，$L = \lambda f/D$ となり，解像力とカットオフ周波数は一致する．

6.7 角スペクトル法

フレネル回折式 (2.39) は，開口から離れた位置で観測される回折波の複素振幅分布を与える近似式であった．開口により近接した場所における光波の分布は，近似する前の，フレネル-キルヒホッフ回折積分式やレイリー-ゾンマーフェルトの回折式を直接計算する必要がある．

この方法とは別に，ヘルムホルツ方程式に基づく方法がある．図 6.10 に示すように，z 方向に伝播する光波を考える．$z = 0$ に開口面をとり，その座標を

6.7 角スペクトル法

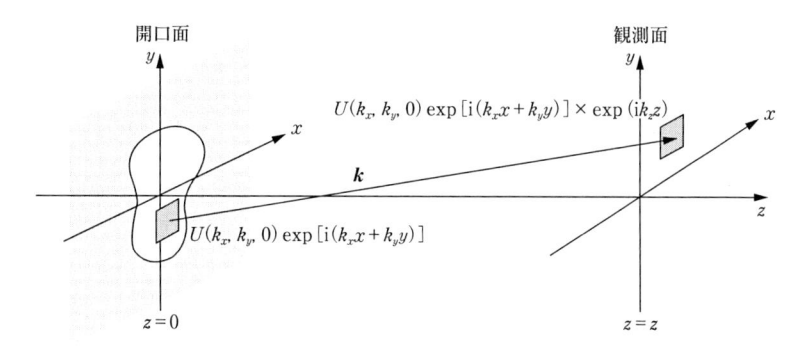

図 6.10 角スペクトルによる回折の計算

(x, y) とする．$z=z$ の位置で回折波の複素振幅分布を求める．この位置における座標を (x, y) とする．

ここで，開口面における光波の複素振幅分布 $u(x, y, 0)$ のフーリエ変換を考えよう．

$$U(\nu_x, \nu_y, 0) = \iint_{-\infty}^{\infty} u(x, y, 0) \exp[-i2\pi(x\nu_x + y\nu_y)] dx dy \tag{6.59}$$

その逆変換は，

$$u(x, y, 0) = \iint_{-\infty}^{\infty} U(\nu_x, \nu_y, 0) \exp[i2\pi(x\nu_x + y\nu_y)] d\nu_x d\nu_y \tag{6.60}$$

で与えられる．開口面における光波の複素振幅分布 $u(x, y, 0)$ は，振幅を $U(\nu_x, \nu_y, 0)$ とする色々な方向に向かう平面波 $U(\nu_x, \nu_y, 0)\exp[i2\pi(x\nu_x+y\nu_y)]$ に分解できることがわかる．このとき，$\boldsymbol{k}$ 方向に向かう平面波は，$A\exp[i(\boldsymbol{k}\cdot\boldsymbol{r}-wt)]$ であることを思い出すと，平面波の波数ベクトル成分は，

$$k_x = 2\pi\nu_x, \quad k_y = 2\pi\nu_y, \quad k_z = \sqrt{k^2 - k_x^2 - k_y^2} \tag{6.61}$$

で与えられる．したがって，式 (6.59) は

$$U(k_x, k_y, 0) = \iint_{-\infty}^{\infty} u(x, y, 0) \exp[i(k_x x + k_y y)] dx dy \tag{6.62}$$

とも書くことができる．この $U(k_x, k_y, z)$ を角スペクトルという．

観測面 ($z=z$) における波面を計算するためには，式 (6.60) で分解された各平面波が距離 $z=z$ だけ伝播した状態の平面波を再び合成すればよい．

分解された平面波が距離 $z=z$ だけ伝播すると，$U(k_x, k_y, 0)\exp[i(k_x x +$

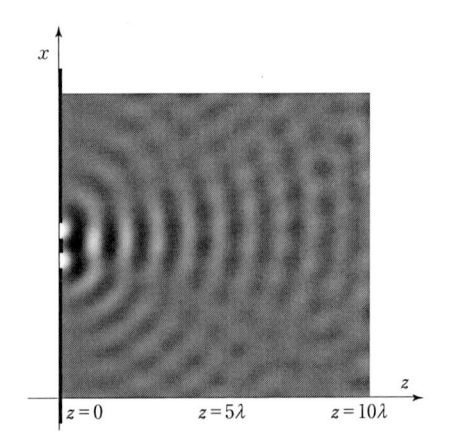

図6.11 角スペクトル法による回折計算
図6.10で，$x-y$ 面に幅 0.5λ の矩形開口が2つ開隔 λ で並んでいる場合の回折波の実部分布

$k_y y)] \times \exp(ik_z \cdot z)$ となるので[*2]，これらを合成すると，$z=z$ における波面は，

$$u(x, y, z) = \frac{1}{4\pi^2} \iint_{-\infty}^{\infty} U(k_x, k_y, 0) \exp[i(k_x x + k_y y)] \exp(i\sqrt{k^2 - k_x^2 - k_y^2} \cdot z) \, dk_x dk_y \tag{6.63}$$

となる．

図6.11と図6.12に，角スペクトル法による回折計算の例を示す[*3]．

[*2] $z=z$ における光波は，

$$u(x, y, z) = \frac{1}{4\pi^2} \iint_{-\infty}^{\infty} U(k_x, k_y, z) \exp[i(k_x x + k_y y)] \, dk_x dk_y \tag{6.A}$$

であるはずなので，この光波が物理的に存在できるためには，ヘルムホルツ方程式 (1.52) を満足する必要がある．したがって，

$$-(k_x^2 + k_y^2) U(k_x, k_y, z) + \frac{d^2}{dz^2} U(k_x, k_y, z) + k^2 U(k_x, k_y, z) = 0 \tag{6.B}$$

この解は，

$$U(k_x, k_y, z) = U(k_x, k_y, 0) \exp(i\sqrt{k^2 - k_x^2 - k_y^2} \cdot z) \tag{6.C}$$

である．式 (6.C) を式 (6.A) に代入すると，式 (6.63) が得られる．

[*3] 1.6節で述べたように，開口の近傍や開口が波長程度の場合には，スカラー近似は正確でない．ここではあくまで計算例を示している．

6.7 角スペクトル法

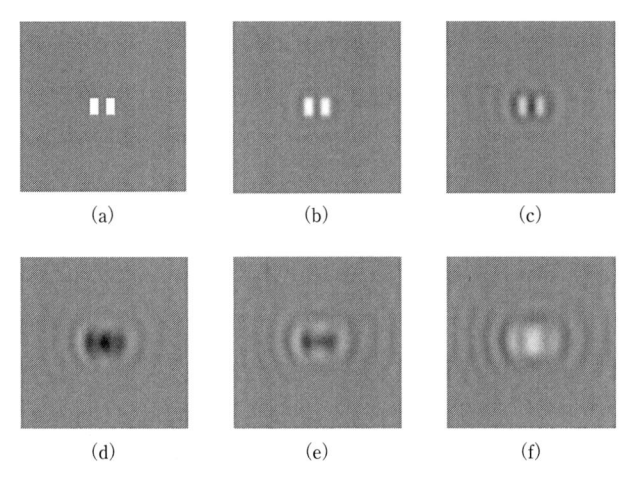

図 6.12 角スペクトル法による回折計算
図 6.11 と同じ場合における回折波実部の x-y 断面分布．(a) $z=0$，(b) $z=0.1\lambda$，(c) $z=0.25\lambda$，(d) $z=0.5\lambda$，(e) $z=0.75\lambda$，(f) $z=1.0\lambda$．

問　題

6.1 焦点距離 f のレンズの後方 d のところに透過物体 $g(x,y)$ がある．このとき，レンズの焦点面における波動の振幅分布を求めよ．

6.2 焦点距離 f のレンズの前方 $2f$ のところに物体があるとき，この物体の像面位置および倍率を求めよ．

6.3 焦点距離が f_1 と f_2 である 2 つのレンズがある．
(a) このレンズを密着させて置いたときの合成の焦点距離を求めよ．
(b) レンズ間の距離が d であるときの合成の焦点距離を求めよ．ただし，$d<f_1$，$d<f_2$ とする．

6.4 振幅透過率が
$$t(x,y) = 1/2[1+\cos 2\pi(x^2+y^2)]$$
の物体を単色平面波で照明したとき，どのようなことが起こるか．

6.5 レンズの複素透過率 (6.13) をレンズ面の曲率半径 R_1 と R_2 および肉厚 d より求めよ．

6.6 問 6.6 図のように，円錐面の一部を切り出してレンズをつくった．このとき，どのような性質をもったレンズができるか．

6.7 問 6.7 図のような瞳をもった光学系の OTF をコヒーレント照明とインコヒーレント照明の場合についてそれぞれ図示せよ．$D<a$，$D=a$，$D>a$ の場合に分けて考えよ．

6.8 物体の振幅透過率が
$$t(x,y) = 1/2[1+\cos(2\pi\nu_0 x)]$$
であるとき，理想光学系におけるコヒーレント照明とインコヒーレント照明の場合，どのような像が得られるか．光学系の解像力限界の視点から論ぜよ．

問 6.6   問 6.7

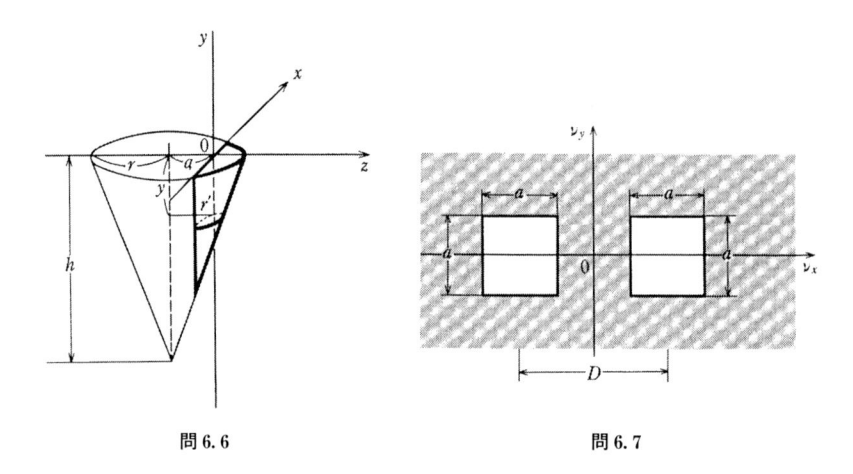

参 考 図 書

J. W. Goodman：Introduction to Fourier Optics, 3rd ed., Englewood (2005).
P. M. Duffieux：L'Integralede Fourier et ses Applicationsà l'optique, Masson Ed. (1970). (辻内順平：フーリエ変換とその光学への応用，共立出版，1977).
飯塚啓吾：光工学，共立出版 (1977)，第 5 章，第 8 章.
J. Gaskill：Linear Systems, Fourier Transforms and Optics, John Wiley & Sons, New York (1978).
E. G. Steward：Fourier Optics an Introduction, 2nd ed., Ellis Horwood, Chichester, West Sussex (1987).
C. S. Williams and O. A. Becklumd：Optical Transfer Function, John Wiley & Sons, New York (1987).
谷田貝豊彦：応用光学―光計測入門，第 2 版，丸善 (2005)，第 4 章.
O. K. Ersoy：Diffraction, Fourier Optics and Imaging, Wiley Interscience (2006).
R. L. Easton, Jr.：Fourier Methods in Imaging, John Wiley & Sons, Chichester, West Sussex (2010).

7
光コンピューティングと画像処理

　フーリエ光学の具体的な応用として，光コンピューティング（optical computing）を考えよう．光の並列伝播性と高速伝播性をもとに，新しいタイプのコンピューティング技術が注目されてきた．並列ディジタル型光コンピューティング技術や光ニューラルコンピューティング技術などがそれである．ここでは，フーリエ光学を直接的に応用した，並列アナログ型の光コンピューティングについて述べる．

　光学的フーリエ変換により入力信号の2次元スペクトルを求め，空間周波数フィルタによって，そのスペクトルを変化させる．これが空間周波数フィルタリングであり，種々の演算ができる代表的な並列光コンピューティング演算技術である．この演算は，光学的なコンボリューションと考えることができる．

　ホログラフィの技術を用いると，空間周波数フィルタに複素振幅特性をもたせることができるので，光コンピューティング技術が大きく進歩した．ここではまた，計算機ホログラムの説明もする．計算機ホログラムによって複雑な特性をもった複素フィルタの作製が可能になった．

　フーリエ変換が重要な役割を果たしているX線CT画像再構成法についても述べる．

7.1　空間周波数フィルタリング[1,2]

　入力信号の一部を強調したり，特定の成分のみを抽出したり，あるいは雑音に埋もれた信号を検出する目的で，入力信号のスペクトルを変化させることを，周波数フィルタリングという．レンズのフーリエ変換作用を使うと，2次元画

像のフーリエ変換が得られ，画像情報に対しても周波数フィルタリングができる．これが空間周波数フィルタリング（spatial frequency filtering）であり，光演算技術（光コンピューティング）の基本となっている．

図7.1のコヒーレント光学系を考えよう．入力画像$f(x, y)$をP_1面に置き，これを平行なコヒーレント光で照明し，レンズL_1でフーリエ変換すると，周波数面P_2には，スペクトル

$$F(\nu_x, \nu_y) = \mathscr{F}[f(x, y)] \tag{7.1}$$

が得られるので，この面に振幅透過率が$H(\nu_x, \nu_y)$の"フィルタ"を置くことにする．このとき，フィルタ透過後の光波の振幅分布は$F(\nu_x, \nu_y) \cdot H(\nu_x, \nu_y)$となり，入力物体の周波数成分$F(\nu_x, \nu_y)$を$H(\nu_x, \nu_y)$によって変化させることができる．これを再びレンズ$L_2$によりフーリエ変換すると，出力面$P_3$では

$$\mathscr{F}[F(\nu_x, \nu_y) \cdot H(\nu_x, \nu_y)] = h * f(x_0, y_0) \tag{7.2}$$

となる．ただし，

$$h(x_0, y_0) = \mathscr{F}[H(\nu_x, \nu_y)] \tag{7.3}$$

となるので，$h(x_0, y_0)$はフィルタのインパルス応答である．このように，図7.1の光学系によって，入力画像$f(x, y)$とフィルタのインパルス応答とのコンボリューションを計算することができる．この光学系は2回のフーリエ変換を実行しているので，"二重回折光学系"または"再回折光学系"と呼ばれている．

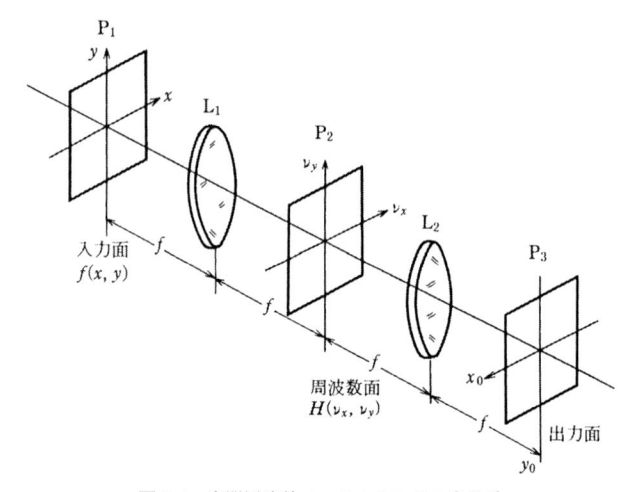

図7.1 空間周波数フィルタリングの光学系

7.1 空間周波数フィルタリング

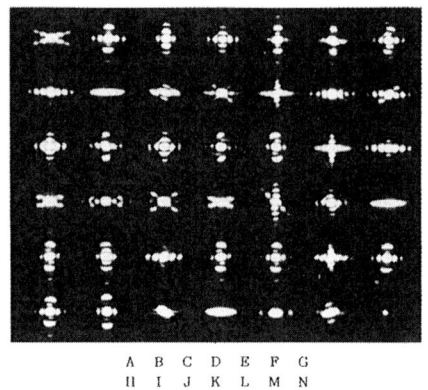

図 7.2 英数字のスペクトル

また，6.2 節で注意したように，入力物体とレンズまでの距離をレンズの焦点距離 f にしておくとよいので，"4-f 光学系"と呼ぶことがある．図 7.2 にいろいろな図形（英数字）とそのフーリエスペクトルを示す．フーリエスペクトルには，入力図形の特徴（線の太さ，向き，形状）などが反映されていることがわかる．以下で述べる空間フィルタリングを行わなくても，このフーリエスペクトルの形状から直接図形の認識，識別が行われることもある．

7.1.1 ローパスフィルタとハイパスフィルタ

一般に，画像スペクトルの低周波成分は画像の大まかな構造に対応し，エッジや微細構造は高周波成分に寄与する．画像の空間周波数成分のうち，低周波数成分のみを透過させると，高い周波数のノイズを除去することができる．このようなフィルタをローパスフィルタという．これとは逆に，高周波成分のみを透過するフィルタをハイパスフィルタといい，画像の境界部分を抽出したり微細構造を強調する目的で使用される．また，これらの中間で，ある特別の周波数帯域のみを透過あるいは除去するためのフィルタが帯域フィルタで，印刷の網点構造の除去のためなどに使用されている．図 7.3 にこれらのフィルタの周波数特性とフィルタリングの結果を示す．

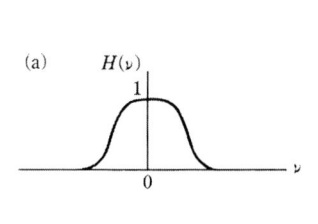

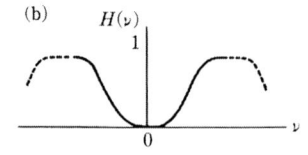

図 7.3 ローパスフィルタ (a) と
ハイパスフィルタ (b) の
周波数特性

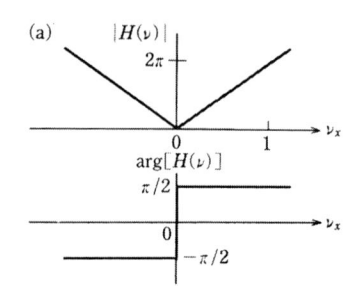

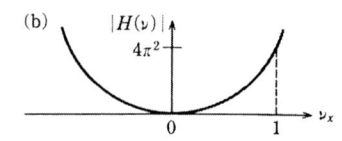

図 7.4 微分フィルタ (a) とラプラシア
ンフィルタ (b) の周波数特性

7.1.2 微分フィルタとラプラシアンフィルタ[3]

ハイパスフィルタと類似の目的で使用されるフィルタに微分フィルタがある．入力画像の振幅透過率を $f(x, y)$ とすると，これは次のように書ける．

$$f(x, y) = \iint_{-\infty}^{\infty} F(\nu_x, \nu_y) \exp[i2\pi(\nu_x x + \nu_y y)] d\nu_x d\nu_y \tag{7.4}$$

したがって，この x 方向の微分は次のようになる．

$$\frac{\partial f(x, y)}{\partial x} = \iint (i2\pi\nu_x) F(\nu_x, \nu_y) \exp[i2\pi(\nu_x x + \nu_y y)] d\nu_x d\nu_y \tag{7.5}$$

ゆえに

$$H(\nu_x, \nu_y) = i2\pi\nu_x \tag{7.6}$$

が x 方向の微分フィルタの周波数特性（図 7.4(a)）である．

また，ラプラシアンフィルタは次のように表せる．

$$\left(\frac{\partial^2}{\partial x^2} + \frac{\partial^2}{\partial y^2}\right) f(x, y) = -\iint_{-\infty}^{\infty} 4\pi^2(\nu_x^2 + \nu_y^2) F(\nu_x, \nu_y)$$
$$\times \exp[i2\pi(\nu_x x + \nu_y y)] d\nu_x d\nu_y \tag{7.7}$$

上式より，その周波数特性は

$$H(\nu_x, \nu_y) = -4\pi^2(\nu_x^2 + \nu_y^2) \tag{7.8}$$

である（図 7.4(b)）．微分型のフィルタはハイパスフィルタの一種であるので，

入力画像に高周波の雑音成分が多い場合に微分型フィルタを用いると，高周波成分を強調してしまって本来の目的を達成することがむずかしくなることがあるので注意が必要である．このような場合には，適当に高周波成分を抑圧する帯域フィルタの特性を加味するなどの工夫が必要である．

7.1.3 位相コントラストフィルタ[4]

生物試料のように，画像の透過率に変化はほとんどなく，位相の変化に重要な情報が含まれている場合には，位相変化を強度変化に変換するフィルタが用いられる．このような試料の振幅透過率分布を

$$f(x, y) = A \exp[i\phi(x, y)] \tag{7.9}$$

と書くことにする．この画像を強度の変化として検出すると

$$I(x, y) = A^2 \tag{7.10}$$

となるのでコントラストは得られない．ここで，位相の変化がわずかであるとすると，$\phi \ll 1$ であるので，

$$f(x, y) = A[1 + i\phi(x, y)] \tag{7.11}$$

と見なせる．

A は一定であるので，その強度スペクトルは低周波部分に集中しているが，位相成分 $\phi(x, y)$ のスペクトルの広がりは大きい．したがって，高周波部分の位相を $\pi/2$ 変化させる位相フィルタを作用させると

$$\begin{aligned} I(x, y) &= |A[1 - \phi(x, y)]|^2 \\ &\fallingdotseq A^2 - 2A^2\phi(x, y) \end{aligned} \tag{7.12}$$

となって，位相情報がコントラストの変化として取り出せる．このフィルタを位相コントラストフィルタ（phase contrast filter）といい，生物用顕微鏡の対物レンズにはこのフィルタを備えたものがある．

7.1.4 超解像とアポディゼーション[5,6]

光学系の解像度は，レイリーの規範によるとエアリの円盤の半径の逆数である．したがって，何らかの方法でエアリの円盤の半径を減少させることができれば，解像度が向上することになる．まず，瞳関数が円形である理想光学系を考え，瞳関数の直径を D とする．いま，開口の中心に直径 $\varepsilon D (0 < \varepsilon < 1)$ の遮

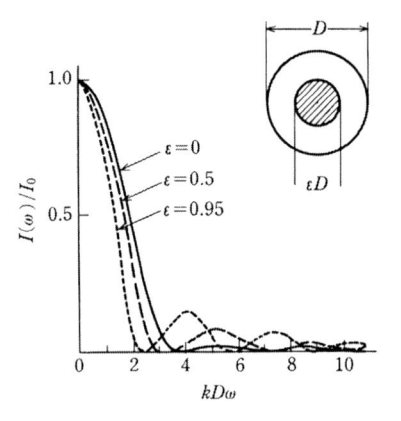

図 7.5 円環開口の回折

蔽板を置くと，この点像の振幅分布は式 (2.65) より次のようになる．

$$u(w) = \pi A' \left(\frac{D}{2}\right)^2 \frac{2J_1\left(\frac{kD}{2R}w\right)}{\frac{kD}{2R}w} - \pi A' \left(\frac{\varepsilon D}{2}\right)^2 \frac{2J_1\left(\frac{k\varepsilon D}{2R}w\right)}{\frac{k\varepsilon D}{2R}w} \tag{7.13}$$

また，この強度分布は次のようになる．

$$I(w) = |u(w)|^2$$
$$= I_0 \left[\frac{2J_1\left(\frac{kD}{2R}w\right)}{\frac{kD}{2R}w} - \varepsilon^2 \frac{2J_1\left(\frac{k\varepsilon D}{2R}w\right)}{\frac{k\varepsilon D}{2R}w}\right]^2 \tag{7.14}$$

ただし，

$$I_0 = \left[\pi A' \left(\frac{D}{2}\right)^2\right]^2 \tag{7.15}$$

である．これから図7.5のように，理想光学系の場合よりも幅の狭い回折パターンが得られることがわかる．このように，瞳関数を変化させて理想光学系よりも解像力を向上させることを超解像（super-resolution）という．超解像では，回折像の主ピークの幅は狭められるが周辺の円環の強度は増加する．

超解像とは逆に，瞳関数の周辺部の透過率を徐々に減少させると，主ピークの幅は理想光学系の場合よりも増加するが，周辺円環の強度を減少させること

7.1.5 マッチフィルタ[7]

信号検出の性能を示す尺度として，信号対雑音比（signal-to-noise ratio；SNR．S/N, SN 比）が利用されている．これは，

$$\mathrm{SNR} = \frac{信号強度}{雑音強度} \tag{7.16}$$

として定義されるものである．ある2次元の画像の中から特定のパターンの存在とその位置を見つけるためには，信号対雑音比 SNR を最大にするフィルタが設計できればよい．これがマッチフィルタ（matched filter）と呼ばれるものである．

パターン認識などの場合には，あらかじめ形状のわかっているパターンが入力画像のどの部分に存在するかを知りたい場合が多い．このような場合には検出すべきパターンが存在するか否かを判定すればよいので，フィルタリングの結果出力される図形は元のパターンの原形をとどめる必要は必ずしもない．そこで，既知パターンと雑音の入り交じった信号を適当なフィルタを通すことにより，できるだけ雑音を取り去って判別を容易にすることを考えよう[8,9]．

検出すべき信号パターンを $f(x, y)$ とし，雑音を $n(x, y)$ とすると，雑音に埋もれた入力信号は

$$g(x, y) = f(x, y) + n(x, y) \tag{7.17}$$

と書ける．ここでは，雑音は信号に対して加算的であることに注意しよう．この信号に対するマッチフィルタの点応答関数を $h(x, y)$ としよう．この関係は図 7.6 に示される．マッチフィルタの信号 $f(x, y)$ に対する出力は

$$g'(x, y) = f * h(x, y) \tag{7.18}$$

である．また，雑音に関しては，

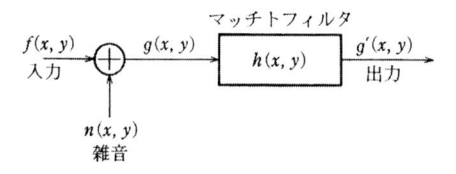

図 7.6 マッチフィルタ

$$n'(x, y) = n * h(x, y) \tag{7.19}$$

となる.

ここで,雑音はそのスペクトルが一定である白色雑音を考えることにしよう.この雑音 $n(x, y)$ は統計的にランダムに変動する不規則信号であるものとする.このような場合に,雑音の強度は単純に $|n'(x, y)|^2$ であると考えると,これも不規則信号となり,確定的な値をとらない.しかし,集合平均(アンサンブル平均)を考えると,ある値に収束し,物理的に意味のある値が得られる.アンサンブル平均を $E[|n'(x, y)|^2]$ と書くことにする.

このとき,信号対雑音比 SNR として,フィルタ出力の (x, y) における信号強度と雑音の平均パワーの比をとることとしよう.すなわち,

$$\mathrm{SNR} = \frac{|g'(x, y)|^2}{E[|n'(x, y)|^2]} \tag{7.20}$$

ここで,

$$E[|n'(x, y)|^2] = N^2 \int |H(\nu_x, \nu_y)|^2 \mathrm{d}\nu_x \mathrm{d}\nu_y \tag{7.21}$$

と書けることに注目しよう.ただし,N^2 は雑音のパワースペクトル,$H(\nu_x, \nu_y)$ は $h(x, y)$ のフーリエ変換で,フィルタも周波数応答関数をもつ.式 (7.18) にコンボリューション定理 (3.90) を適用して,式 (7.21) を用いると,次のようになる.

$$\mathrm{SNR} = \frac{\left|\iint F(\nu_x, \nu_y) \cdot H(\nu_x, \nu_y) \exp[\mathrm{i}2\pi(\nu_x x + \nu_y y)] \mathrm{d}\nu_x \mathrm{d}\nu_y\right|^2}{N^2 \iint |H(\nu_x, \nu_y)|^2 \mathrm{d}\nu_x \mathrm{d}\nu_y} \tag{7.22}$$

ここで,シュワルツの不等式

$$\left|\iint a(x, y) b(x, y) \mathrm{d}x \mathrm{d}y\right|^2 \leq \iint |a(x, y)|^2 \mathrm{d}x \mathrm{d}y \cdot \iint |b(x, y)|^2 \mathrm{d}x \mathrm{d}y \tag{7.23}$$

が成立し,等号は $a = b^*$ のとき成立することに注目すると,

$$\mathrm{SNR} \leq \frac{1}{N^2} \iint |F(\nu_x, \nu_y)|^2 \mathrm{d}\nu_x \mathrm{d}\nu_y \tag{7.24}$$

信号対雑音比 SNR が最大になるのは次のようなときである.

$$H(\nu_x, \nu_y) = F^*(\nu_x, \nu_y) \exp[-\mathrm{i}2\pi(\nu_x x_0 + \nu_y y_0)] \tag{7.25}$$

これがマッチフィルタの周波数応答関数で,これから,マッチフィルタの

周波数応答は被検出パターンのフーリエ変換と複素共役であることがわかる．

マッチトフィルタの出力は，$g*h$ であるので式 (7.18) より，

$$\begin{aligned}
g'(x, y) &= \iint H(\nu_x, \nu_y) \cdot G(\nu_x, \nu_y) \exp[i2\pi(\nu_x x + \nu_y y)] d\nu_x d\nu_y \\
&= \iint F^*(\nu_x, \nu_y) \exp[-i2\pi(\nu_x x_0 + \nu_y y_0)] \\
&\quad \times F(\nu_x, \nu_y) \exp[i2\pi(\nu_x x + \nu_y y)] d\nu_x d\nu_y \\
&\quad + \iint N(\nu_x, \nu_y) F^*(\nu_x, \nu_y) \exp[-i2\pi(\nu_x x_0 + \nu_y y_0)] \\
&\quad \times \exp[i2\pi(\nu_x x + \nu_y y)] d\nu_x d\nu_y \\
&= f*f(x-x_0, y-y_0) + n*f(x-x_0, y-y_0)
\end{aligned} \quad (7.26)$$

となり，被検出パターンの位置 (x_0, y_0) にその自己相関関数のピークがあらわれることがわかる．この自己相関ピークは，式 (7.26) の第 2 項の雑音成分と被検出信号との相関よりも著しく大きいので，被検出パターンの存在が容易に認識できることになる．

7.2 ホログラフィ[10, 11)

空間周波数フィルタに複素成分をもたせるために，ホログラフィ (holography) 技術が利用されている (問 7.2 参照)．一般に，波動の複素振幅分布（振幅と位相分布）をそのまま直接的に記録することはできない．光の強度分布のみが直接的には測定可能で，写真は光の強度分布を記録している．ホログラフィでは，記録すべき複素振幅分布にキャリア成分を導入することによって，複素振幅分布の記録と再生を可能にしている．

いま，図 7.7 のように被写体から回折し記録媒体（写真フィルムなど）上に到達した波面の記録を考えよう．この波面を物体波という．物体波の複素振幅分布を $f(x, y) = A(x, y) \exp[i\phi(x, y)]$ とすると，$A(x, y)$ は $f(x, y)$ の振幅分布，$\phi(x, y)$ は位相分布である．これを直接的に記録すると強度分布

$$I(x, y) = |A(x, y)|^2 \quad (7.27)$$

となり，位相の情報は失われてしまう．

ここで，x 軸に対して，θ だけ傾いた平面波（これを参照波という）

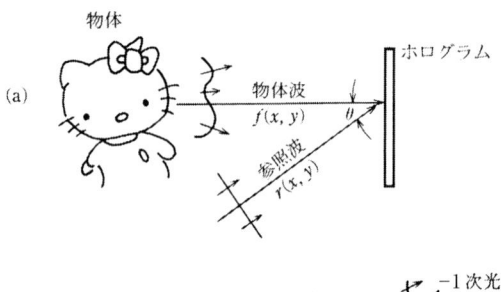

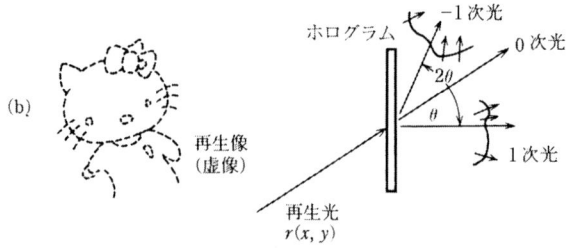

図 7.7 ホログラフィ——記録光学系 (a) と再生光学系 (b)

$$r(x, y) = R \exp\left(i\frac{2\pi x}{\lambda}\sin\theta\right) \tag{7.28}$$

を物体波に重ね合わせて記録すると，強度分布は次のようになる．

$$\begin{aligned}
I(x, y) &= |f(x, y) + r(x, y)|^2 \\
&= \left| A(x, y) \exp[i\phi(x, y)] + R \exp\left(i\frac{2\pi x}{\lambda}\sin\theta\right) \right|^2 \\
&= |A(x, y)|^2 + |R|^2 \\
&\quad + A(x, y) R \exp\left\{i\left[\phi(x, y) - \frac{2\pi x}{\lambda}\sin\theta\right]\right\} \\
&\quad + A(x, y) R \exp\left\{-i\left[\phi(x, y) - \frac{2\pi x}{\lambda}\sin\theta\right]\right\} \\
&= |A(x, y)|^2 + |R|^2 \\
&\quad + 2A(x, y) R \cos\left[\phi(x, y) - \frac{2\pi x}{\lambda}\sin\theta\right]
\end{aligned} \tag{7.29}$$

これから位相の情報を記録することができることがわかる．このように，参照波を用いて波動の複素振幅分布を記録する技術をホログラフィという．第3項の余弦の項は，このホログラムが干渉縞からできていることを示している．

この強度分布を適当な処理によって写真的に記録すると，その振幅透過率分

布は次のようになる．
$$t(x,y) = t_0 + \gamma I(x,y) \tag{7.30}$$
記録したのとまったく同じ参照波でこのホログラムを照明すると，次のような波が発生する．

$$\begin{aligned}
t(x,y)r(x,y) &= [t_0 + \gamma|A(x,y)|^2 + \gamma|R|^2]R\exp\left(i\frac{2\pi x}{\lambda}\sin\theta\right) \\
&\quad + \gamma A(x,y)R^2\exp[i\phi(x,y)] \\
&\quad + \gamma A(x,y)R^2\exp\left\{-i\left[\phi(x,y) - \frac{4\pi x}{\lambda}\sin\theta\right]\right\}
\end{aligned} \tag{7.31}$$

第1項は0次回折光で，参照波と同じ方向に伝播する成分で，被写体の位相情報を失っている．第2項は+1次回折光で，その振幅には一定の値 γR^2 がかかっているが，物体波そのものが再生されている．また，その進行方向も元の物体波と同じである．したがって，ホログラムをのぞき込むと物体のあったその位置に物体が存在しているかのように再生像が見えることになる．物体が平面ではなく立体的ならば再生像も立体的に見える．これが3次元像の記録と表示にホログラムが利用されている理由である．また第3項は，−1次回折光で，2θの方向に伝播する．波面の振幅は第2項と同じように正しい成分 $A(x,y)$ を含んでいるが，その位相は反転している．このため，この回折像を共役像という．

いま，信号パターン $f(x,y)$ を検出するマッチトフィルタをホログラフィックに製作することを考えよう．マッチトフィルタの空間周波数応答は式(7.25)であるから，信号 $f(x,y)$ のフーリエ変換ホログラムをつくって，この−1次光を利用すればよいことがわかる．マッチトフィルタリングの光学系を図7.8に示す．P_1面に検出パターン $f(x,y)$ を置き，フーリエ変換レンズ L_2 により P_2 面に $f(x,y)$ のフーリエ変換像 $F(\nu_x, \nu_y)$ をつくる．これを，適当な参照光 $R\exp\left(i\frac{2\pi\nu}{\lambda}\sin\theta\right)$ を加えて P_2 面上でホログラムとして記録する．式(7.29)と式(7.30)と同様に，このホログラムの振幅透過率は次のようになる．

$$\begin{aligned}
t(\nu_x, \nu_y) &= t_1 + \gamma RF(\nu_x, \nu_y)\exp\left(-i\frac{2\pi\nu_x}{\lambda}\sin\theta\right) \\
&\quad + \gamma RF^*(\nu_x, \nu_y)\exp\left(i\frac{2\pi\nu_x}{\lambda}\sin\theta\right)
\end{aligned} \tag{7.32}$$

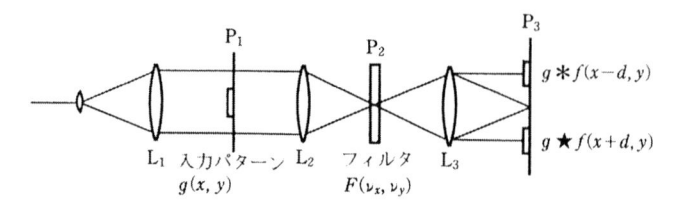

図7.8 マッチトフィルタリング光学系

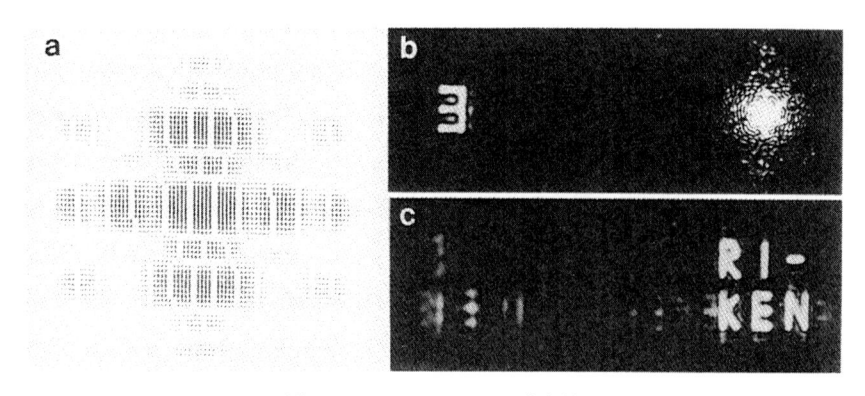

図7.9 マッチトフィルタの出力例
(a) フィルタ(計算機ホログラム),(b) インパルス応答,(c) 相関出力

ただし,
$$t_1 = t_0 + \gamma(|F|^2 + |R|^2) \tag{7.33}$$
これがマッチトフィルタで,式 (7.32) の第3項が希望する特性の項である.

フィルタリングを行う場合には,P_1 面に入力パターン $g(x,y)$ を置き,マッチトフィルタを透過した波面をフーリエ変換レンズ L_3 を介して P_3 面に出力して像を観測する.このとき,出力面は図7.8で示したように,中央にはホログラムの0次回折光による出力が,左右には±1次光に相当するコンボリューションの項 $g*f(x-d,y)$ と相関の項 $g\star f(x+d,y)$ が出力される.ただし,
$$d = \frac{1}{\lambda}\sin\theta \tag{7.34}$$
である.もちろん,相関の項による出力がマッチトフィルタの出力である.図7.9には入力パターンと **E** を検出した出力結果を示す.入力パターンの **E** が存在している場所に明るい相関ピークがあらわれていることに注意してほしい.

7.3 計算機ホログラム[12~15]

前節では振幅 $A(x,y)$ と位相 $\phi(x,y)$ をもつ複素振幅分布を記録再生するにはホログラムの手法を用いればよいことを述べた．ホログラムの記録には，複素振幅分布 $A(x,y)\exp[i\phi(x,y)]$ と参照波を干渉させる必要がある．このため，記録すべき複素振幅分布は実在する必要があるので，複雑な特性をもったフィルタをこの方法で自由に製作するためには困難が多い．ここで述べる計算機ホログラム（computer-generated hologram）は，ホログラムの製作プロセスを計算技術によりシミュレートするもので，必ずしも記録波面が実在する必要がない．したがって，架空物体の像再生，複雑な振幅位相特性をもった空間周波数フィルタの製作，理想形状の波面再生などに利用されている（問 7.3 参照）．

計算機ホログラム製作の過程を図 7.10 に示す．まずはじめに，計算機のメモリーに 2 次元または 3 次元の配列をとり，表示したい物体を読み込ませる．次に，物体からホログラム面に到達する波面を回折理論にしたがって計算する．第 6 章で述べたように，フレネル回折やフラウンホーファー回折は，フーリエ変換を使って計算できる．また，このフーリエ変換の数値計算には，FFT のアルゴリズムが使える．最後に，計算された波面を再生するホログラムを適当な方法で表示すればよい．

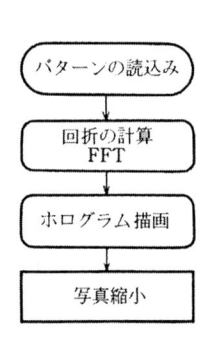

図 7.10　計算機ホログラム作製手順 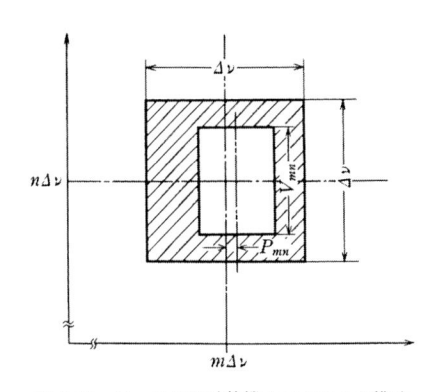　　図 7.11　ローマン型計算機ホログラムの構造

ここでは，空間周波数フィルタへの応用を念頭において，ローマン型と呼ばれる計算機ホログラムの製作法について述べよう．ローマン型ホログラムはホログラムの振幅透過率が1か0のバイナリー（2値化）ホログラムで，ホログラムが再生すべき波面 $H(\nu_x, \nu_y)$ の標本点 (m, n) における値

$$H_{mn} = H(m\Delta\nu, n\Delta\nu) = A_{mn}\exp(i\phi_{mn}) \tag{7.35}$$

はすでに計算してあるものとする．ただし，標本点間隔を $\Delta\nu$ とし，H_{mn} の振幅と位相をそれぞれ A_{mn} と ϕ_{mn} とする．

ローマン型ホログラムは，図7.11に示すような構造のホログラムである．ホログラム面を，格子間隔が $\Delta\nu$ になるように分割し，各格子点を中心に一辺 $\Delta\nu$ のセルを考える．各セルに矩形の小開口をあけ，開口の高さ V_{mn} と中心位置の横ずれ量 P_{mn} を変調して，標本点における振幅 A_{mn} と位相 ϕ_{mn} を表す．したがって，ローマン型ホログラムの振幅透過率は次のように表される．

$$t(\nu_x, \nu_y) = \sum_m \sum_n \mathrm{rect}\left(\frac{\nu_x - m\Delta\nu - P_{mn}}{c}\right) \times \mathrm{rect}\left(\frac{\nu_y - n\Delta\nu}{V_{mn}}\right) \tag{7.36}$$

ただし，c は矩形開口の横幅である．

いま，(m, n) 格子点の小開口を平面波 $\exp(-i2\pi x_0 \nu_x)$ で照明したとしよう．このとき，開口から回折される波面は次のようになる．

$$\iint \mathrm{rect}\left(\frac{\nu_x - m\Delta\nu - P_{mn}}{c}\right)\mathrm{rect}\left(\frac{\nu_y - n\Delta\nu}{V_{mn}}\right)\exp(-i2\pi x_0 \nu_x)\,d\nu_x d\nu_y$$
$$= cV_{mn}\mathrm{sinc}(cx_0)\exp[-i2\pi x_0(m\Delta\nu + P_{mn})] \tag{7.37}$$

(a) (b)

図7.12 ローマン型ホログラム (a) とその再生像 (b)

したがって，これが H_{mn} と一致するためには

$$A_{mn} = c \operatorname{sinc}(cx_0) V_{mn} \tag{7.38}$$

$$\phi_{mn} = -2\pi x_0(m\Delta\nu + P_{mn}) \tag{7.39}$$

であればよい．N 次の回折波を利用するとすると，

$$x_0 \Delta\nu = N \tag{7.40}$$

の条件が必要である．通常，1次回折波を用いて再生するので $N=1$ とする．さらに，開口は大きい方が再生効率が良くなるので，$c = \Delta\nu/2$ とする．これらの条件と簡略化によって，開口の高さと位置ずれ量は式（7.38）と式（7.39）より，

$$V_{mn} = \frac{A_{mn}\Delta\nu}{\max(A_{mn})} \tag{7.41}$$

$$P_{mn} = \frac{\phi_{mn}\Delta\nu}{2\pi} \tag{7.42}$$

とすればよいことがわかる．ただし，$\max(A_{mn})$ は A_{mn} の最大値を表す．

図7.12にローマン型フーリエ変換ホログラムの一例とその再生像を示す．標本点数は 256×256 である．

7.4 ディジタルホログラフィ

計算機ホログラムを使うと架空の波面を再生することができる．これに対して，記録されたホログラムを数値的に再生することもできて，これはディジタルホログラフィと呼ばれている．ホログラムの記録には，高解像度のCCDやCMOSカメラが使われる．

図7.13に，ディジタルホログラフィの記録光学系を示す．通常のホログラフィと同様に，物体光と参照光の干渉縞を記録する．ホログラムに記録される干渉縞の強度分布は，式（7.29）で与えられる．しかし，写真フィルムと比較すると電子的な記録素子の空間解像点数には限りがあるので，なるべく低くキャリア周波数を抑える必要がある．このため，物体光と参照光の成す角度はできるだけ小さく，撮影する物体の大きさにも制限が生じる．ここで，再生像の計算法であるが，元の物体の位置に再生像を得るために，図7.14に示すよ

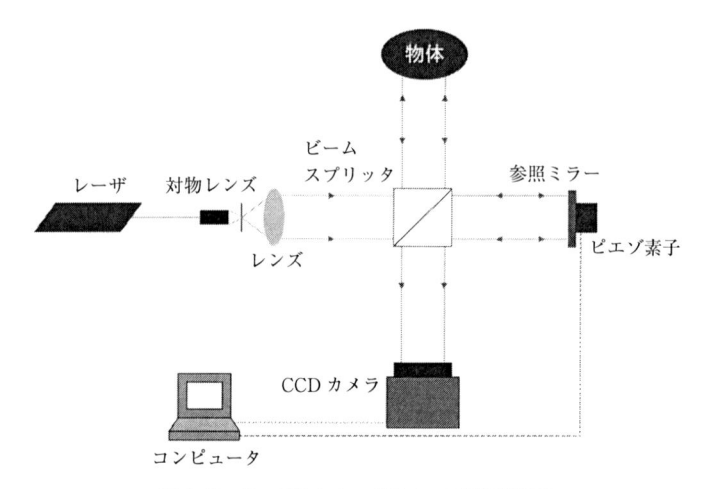

図 7.13 ディジタルホログラフィの記録光学系

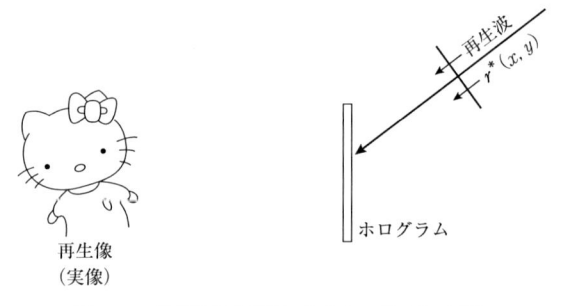

図 7.14 位相共役参照波によるホログラムの再生

うに，再生光を参照光の位相共役波とするとしよう．すなわち，ホログラムの裏面から参照光と逆進する光波 $r^*(x, y) = R \exp(-\mathrm{i}2\pi x \sin\theta/\lambda)$ を再生光とする．このときホログラムから回折される波面は，

$$t(x, y) r^*(x, y) = [t_0 + \gamma |A(x, y)|^2 + \gamma R^2] R \exp\left(-\mathrm{i}\frac{2\pi x}{\lambda}\sin\theta\right)$$

$$+ \gamma A(x, y) R^2 \exp\left[\mathrm{i}\phi(x, y) - \mathrm{i}\frac{4\pi x}{\lambda}\sin\theta\right]$$

$$+ \gamma A(x, y) R^2 \exp[-\mathrm{i}\phi(x, y)] \tag{7.43}$$

が得られ，第3項が元の物体の位置に実像が再生される．したがって，像の再生には，式 (6.1) に従って，フレネル回折を計算すればよい．このとき鮮

明な再生像を得るには，物体とホログラムの間の距離 l を正確に知っておく必要がある．

次に，$\theta = 0$ の場合を考えてみよう．物体が記録素子にほぼ垂直に入射する場合には，物体波も参照波も平行になるので，インラインホログラフィと呼ばれている．このインラインホログラムの強度分布は，式 (7.29) より，

$$I(x, y) = |A(x, y)|^2 + R^2 + 2A(x, y)R\cos[\phi(x, y)] \tag{7.44}$$

である．この状態でホログラムを再生すると，+1 次再生波，-1 次再生波，0 次光とも同じ方向に進み空間的に分離できない．そこで，9.5 節で述べる位相シフト干渉法の原理に従ってホログラムに含まれる干渉縞の振幅 $A(x, y)$ と位相分布 $\phi(x, y)$ を求める．このようにして求めた光波の複素振幅分布 $A(x, y)\exp[i\phi(x, y)]$ から，前と同様に，フレネル回折の計算をすれば，像再生ができる．

7.5 スペクトルアナライザ[16]

レンズのフーリエ変換作用を利用すると，信号 $f(x, y)$ のフーリエスペクトルが計算できるので，2 次元パターンのパワースペクトルの測定，微粒子の粒径の測定などに，2 次元フーリエ変換は利用されている[17]．時間信号 $f(t)$ のスペクトルを解析する装置はスペクトルアナライザ (spectrum analyzer) と呼ばれている．光学的に時間信号 $f(t)$ のスペクトルを計算するには，時間信号 $f(t)$ を空間信号 $f(x)$ に変換しなければならない．この目的の装置が空間光変調器である[*1]．例えば図 7.15 に示すように，超音波空間光変調器に時間信号

$$s(t) = f(t)\cos(2\pi\nu_a t) \tag{7.45}$$

を入力させてみよう．ここで，ν_a は超音波の周波数である．この信号が変調器内を伝播し，変調器内の媒質に $s(x - vt)$ に比例する屈折率変化が生ずると，空間光変調器を通過後の波面は，共調器に生じた屈折率変化が小さい場合には，

[*1] 通常，光変調器はレーザビームの強度あるいは方向を，時間的に変調する目的で使われる．ここで用いる光変調器は，レーザ光分布を空間的に変調するもので，空間光変調器と呼ばれている．超音波光変調器は 1 次元の空間光変調器であるが，2 次元的なものとしては，液晶空間光変調器や電気光学結晶を用いた空間光変調器など多数が報告されている．

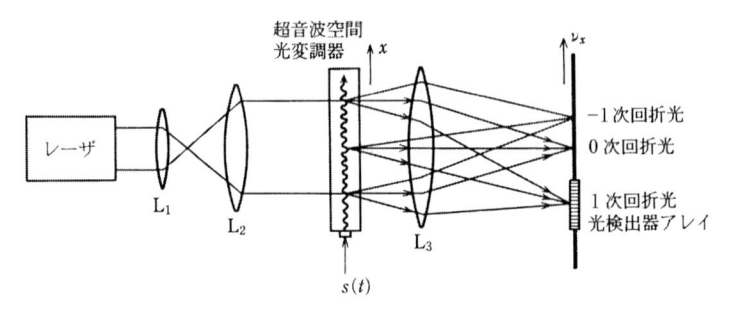

図 7.15 スペクトルアナライザ

$$\exp[i\alpha s(x-vt)] \doteqdot 1 + i\alpha s(x-vt)$$
$$= 1 + if(x-vt)\cos[k_a(x-vt)] \quad (7.46)$$

のように表せる．ただし，α は定数で，k_a は超音波の波数である．レーザ光でこれを照明して1次回折波を取り出す．レンズの焦点面で回折光を観測すると次のようになる．

$$\mathscr{F}\{1 + if(x-vt)\cos[k_a(x-vt)]\}$$
$$= \delta(\nu_x) + i\mathscr{F}[f(x)\cos(k_a x)]\exp(-i2\pi\nu_x vt) \quad (7.47)$$

ここで，1次回折像の振幅は $F(\nu_x)\exp(-i2\pi\nu_x vt)$ となり，これを1次元光検出器アレイ（フォトダイオードなど）で検出すると，$f(x)$ のパワースペクトル $|F(\nu_x)|^2$ が求まる．

7.6 相 関 器[18]

マッチトフィルタでは，入力信号とフィルタのインパルス応答の相関を計算していることはすでに述べた．この原理を使えば，2次元の相関器（correlator）ができることがわかる．ここでは，1次元的な信号に対する光相関器について述べよう．時間信号の相関を計算するには，これを光信号に変換しなければならないので，ここでも超音波空間光変調器が用いられる．2つの入力信号 $f_1(t)$ と $f_2(t)$ の相関関数は

$$\Phi_{12}(t) = \int_{-\infty}^{\infty} f_1(\tau) f_2(\tau - t)\, d\tau \quad (7.48)$$

と定義されたり，あるいは

$$\Phi_{12}(\tau) = \int_{-\infty}^{\infty} f_1(t) f_2(t-\tau) \, dt \tag{7.49}$$

と定義される．式（7.48）の定義にしたがって計算する場合を空間積分型という．これは，空間的な変数 x を積分変数 τ とするためである．一方，式（7.49）では時間変数 t で積分しているので，時間積分型と呼ばれている．

7.6.1 空間積分型相関器[19]

2つの超音波空間光変調器に信号 $f_1(t)$ と $f_2(t)$ を入力させ，図7.16のように光学的に結像するものとしよう．式（7.46）のように，第1の超音波空間光変調器を透過した光の波面は

$$1 + i\alpha f_1(x-vt) \cos[k_a(x-vt)] \tag{7.50}$$

と書ける．ここで，第2の超音波空間光変調器では超音波の進行方向を第1のものとは（相対的に）反対方向に伝播させるものとすると，光の透過波面は

$$1 + i\alpha f_2(x+vt) \cos[k_a(x+vt)] \tag{7.51}$$

と表せる．第1の超音波空間光変調器の1次回折光のみを取り出して，第2の超音波空間光変調器を照明する．この際，1次回折光のみを取り出し，これを集光して検出すると，

$$\begin{aligned} I(t) &= \alpha^2 \left| \int_{-\infty}^{\infty} f_1(x-vt) f_2(x+vt) \, dx \right|^2 \\ &= \alpha^2 \left| \int_{-\infty}^{\infty} f_1(x) f_2(x+2vt) \, dx \right|^2 \end{aligned} \tag{7.52}$$

となり，相関関数 $\Phi_{12}(t)$ が時間信号として得られる．

7.5.2 時間積分型相関器[20]

図7.17のように，第1の超音波変調器で $s_1(t)$ によって光源の強度を変調し，これで $s_2(t)$ を入力した超音波空間光変調器を照明する．第2の超音波変調器からの光波は

$$1 + i\alpha f_2\left(t - \frac{x}{v}\right) \cos\left[2\pi\nu_a\left(t - \frac{x}{v}\right)\right] \tag{7.53}$$

これの0次回折光の位相を90°ずらして，これと+1次の光を取り出したものと合わせて時間積分すると，

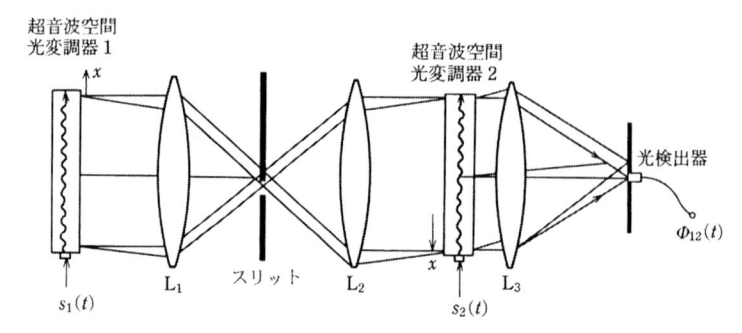

図 7.16　空間積分型相関器

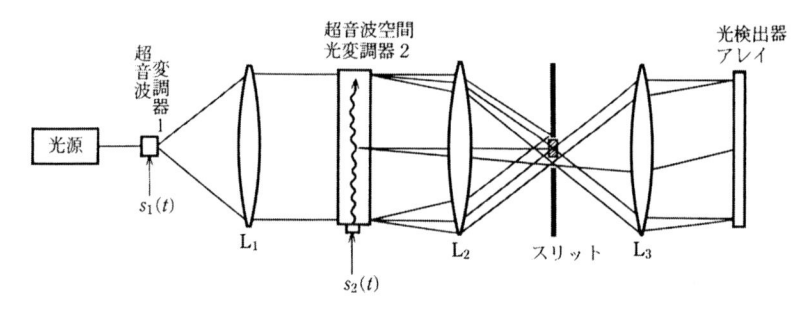

図 7.17　時間積分型相関器

$$\begin{aligned}
I(x) &= \int_{-\infty}^{\infty} s_1(t) \left| \mathrm{i} + \mathrm{i}\frac{\alpha}{2} f_2\left(t - \frac{x}{v}\right) \exp\left[\mathrm{i}2\pi\nu_a\left(t - \frac{x}{v}\right)\right] \right|^2 \mathrm{d}t \\
&= \int_{-\infty}^{\infty} f_1(t) \cos\left(2\pi\nu_a t\right) \mathrm{d}t \\
&\quad + \alpha \int_{-\infty}^{\infty} f_1(t) f_2\left(t - \frac{x}{v}\right) \cos\left(2\pi\nu_a t\right) \cos\left[2\pi\nu_a\left(t - \frac{x}{v}\right)\right] \mathrm{d}t \\
&\quad + \frac{\alpha^2}{4} \int_{-\infty}^{\infty} f_1(t) f_2^2\left(t - \frac{x}{v}\right) \mathrm{d}t \\
&\propto \cos\left(k_a x\right) \int_{-\infty}^{\infty} f_1(t) f_2\left(t - \frac{x}{v}\right) \mathrm{d}t \quad (7.54)
\end{aligned}$$

となり，キャリア $\cos(k_a x)$ の包絡線として相関関数 $\Phi_{12}(x)$ が得られる．通常，この信号は 1 次元 CCD アレイなどの，積分型光検出器アレイによって検出される．

7.7 結合変換相関器[21, 22]

マッチトフィルタリングや相関器以外にも2次元パターンの相関を計算する方法がある．結合変換（joint transform correlator）がそれである．いま，入力パターン $f_1(x, y)$ と $f_2(x, y)$ があったとしよう．これを図7.18(a) のように同一平面 P_1 上に距離 d だけ離して置き，コヒーレント光で照明する．レンズ L_1 によるフーリエ変換像を P_2 面上で得て，これを強度検出（写真的に記録）することにしよう．記録された強度分布は次のようになる．

$$\begin{aligned}I(\nu_x, \nu_y) &= |\mathscr{F}[f_1(x+d/2, y) + f_2(x-d/2, y)]|^2 \\&= |F_1(\nu_x, \nu_y)\exp(i\pi d\nu_x) + F_2(\nu_x, \nu_y)\exp(-i\pi d\nu_x)|^2 \\&= |F_1(\nu_x, \nu_y)|^2 + |F_2(\nu_x, \nu_y)|^2 \\&\quad + F_1(\nu_x, \nu_y)F_2^*(\nu_x, \nu_y)\exp(i2\pi d\nu_x) \\&\quad + F_1^*(\nu_x, \nu_y)F_2(\nu_x, \nu_y)\exp(-i2\pi d\nu_x)\end{aligned} \quad (7.55)$$

ただし，$f_1(x, y)$ と $f_2(x, y)$ のフーリエ変換は，それぞれ $F_1(\nu_x, \nu_y)$ と $F_2(\nu_x, \nu_y)$ である．マッチトフィルタの場合と同様に，これを写真的に記録すると，その振幅透過率分布は次のようになる．

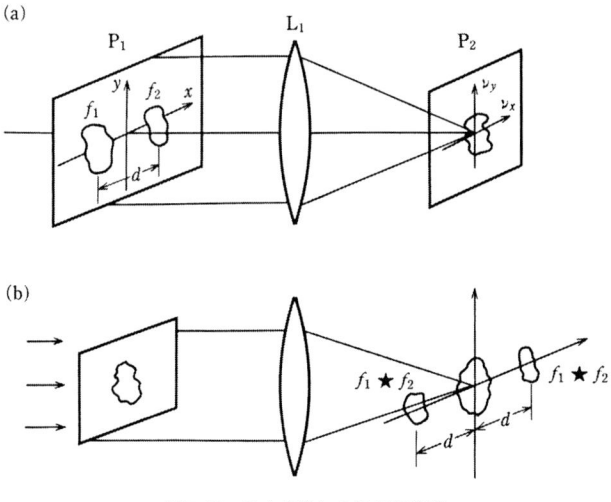

図7.18 結合変換による相関演算

$$t(\nu_x, \nu_y) = t_0 + \gamma[|F_1|^2 + |F_2|^2]$$
$$+ \gamma[F_1 F_2^* \exp(\mathrm{i}2\pi d\nu_x) + F_1^* F_2 \exp(-\mathrm{i}2\pi d\nu_x)] \quad (7.56)$$

これをコヒーレント光学系でフーリエ変換すると次のようになる.

$$\mathscr{F}[t(\nu_x, \nu_y)] = t_0 \delta(x, y)$$
$$+ \gamma[f_1 \star f_1(x, y) + f_2 \star f_2(x, y)]$$
$$+ \gamma[f_1 \star f_2(x+d, y)]$$
$$+ \gamma[f_1 \star f_2(-x+d, -y)] \quad (7.57)$$

したがって,図7.18(b) に示すように,2つの相関像 $f_1 \star f_2$ が光軸に対して d の距離をおいて対称にあらわれる.

7.8 加算と減算[23]

パターンの加算を行うには,単に2つのパターンを同一の検出器に入力して光強度を加算するか,あるいはフィルムなどに2重焼きして記録すればよい.また,2つのパターンをホログラムに2重露光して,これを同時に再生してもよい.しかし,パターン間の減算は容易ではない.これは光の強度分布が負とならないことに基づいている.したがって,減算を行うには,信号を振幅情報に変換して振幅の減算を行うか,もしくは空間光変調器や光検出器の特性を利用して減算することになる.

ここではまず,前者の方法の一例として,2重露光ホログラムを利用する方法を述べよう[24].図7.19に示すように,入力面に第1のパターン $f_1(x, y)$ を置き,このフーリエ変換ホログラムを記録する.次に,参照光の位相を π 変化させ

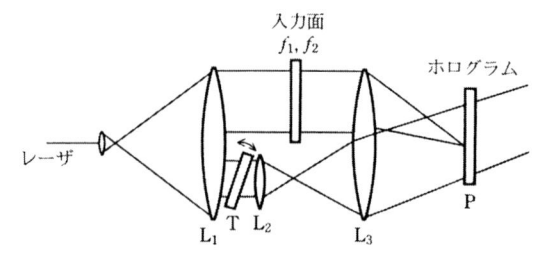

図 7.19 ホログラムによる減算演算の原理(2重露光法)
(T:平行平面波,回転させて位相を変化させる)

て第2のパターン $f_2(x, y)$ のフーリエ変換を2重露光法により同じホログラムに記録する．この乾板を現像して得られる2重露光ホログラムの振幅透過率は，式 (7.29) と式 (7.30) を参考にすると，次のようになる．

$$\begin{aligned}
t(x, y) &= t_0 + \gamma[|F_1(\nu_x, \nu_y) + R\exp(\mathrm{i}2\pi\nu_x\sin\theta/\lambda)|^2 \\
&\quad + |F_2(\nu_x, \nu_y) + R\exp(\mathrm{i}2\pi\nu_x\sin\theta/\lambda)\exp(-\mathrm{i}\pi)|^2] \\
&= t_0 + \gamma[|F_1(\nu_x, \nu_y)|^2 + |F_2(\nu_x, \nu_y)|^2 + 2|R|^2] \\
&\quad + \gamma R[F_1(\nu_x, \nu_y) - F_2(\nu_x, \nu_y)]\exp(-\mathrm{i}2\pi\nu_x\sin\theta/\lambda) \\
&\quad + \gamma R[F_1^*(\nu_x, \nu_y) - F_2^*(\nu_x, \nu_y)]\exp(\mathrm{i}2\pi\nu_x\sin\theta/\lambda)
\end{aligned} \quad (7.58)$$

したがって，これを第1の参照光と同じ $R\exp(\mathrm{i}2\pi\nu_x\sin\theta/\lambda)$ で再生し，フーリエ変換すると，再生像は次のようになる．

$$g(x, t) = g_0(x+d, y) + g_1(x, y) + g_{-1}(x+2d, y) \quad (7.59)$$

ただし，$d = \sin\theta/\lambda$ で，

$$g_0(x, y) = \mathscr{F}\{t_0 + \gamma[|F_1|^2 + |F_2|^2 + 2|R|^2]\} \quad (7.60)$$

$$g_1(x, y) = \gamma R^2[f_1(x, y) - f_2(x, y)] \quad (7.61)$$

$$g_{-1}(x, y) = \gamma R^2[f_1^*(x, y) - f_2^*(x, y)] \quad (7.62)$$

したがって，1次回折光成分の強度分布が入力パターンの差 $|f_1(x, y) - f_2(x, y)|^2$ を与えることがわかる．この方法は，2重露光法であるので実時間処理ではない．実時間処理を行うための単露光法も工夫されている．次に述べる回折格子を用いる方法では実時間処理が可能である[25]．

図7.20のように，2つの入力パターン $f_1(x, y)$ と $f_2(x, y)$ を間隔 d だけ離して配置する．結合変換の場合と同じく，レンズ L_1 によるフーリエ変換像を P_2 面につくる．

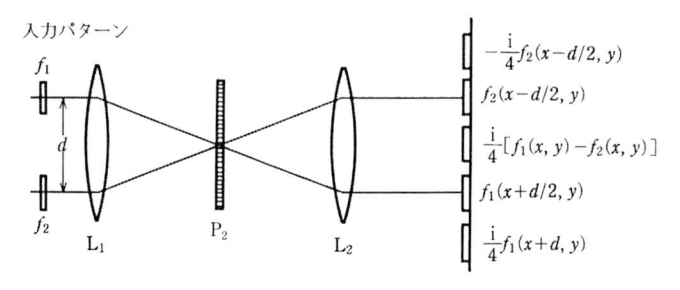

図7.20 格子による減算

$$G(\nu_x, \nu_y) = \mathscr{F}\left[f_1\left(x+\frac{d}{2}, y\right) + f_2\left(x-\frac{d}{2}, y\right)\right]$$
$$= F_1(\nu_x, \nu_y) \exp(i\pi d\nu_x) + F_2(\nu_x, \nu_y) \exp(-i\pi d\nu_x) \quad (7.63)$$

ここで，P_2 面にピッチ Λ の回折格子，

$$H(\nu_x) = 1 + \frac{1}{2}\cos\left(\frac{2\pi\nu_x}{\Lambda} + \delta\right) \quad (7.64)$$

を置く．ただし，δ は回折格子の位相である．これをレンズ L_2 で再びフーリエ変換すると次のようになる．

$$\begin{aligned}
g(x, y) &= \mathscr{F}[G(\nu_x, \nu_y) \cdot H(\nu_x)] = f_1\left(x+\frac{d}{2}, y\right) + f_2\left(x-\frac{d}{2}, y\right) \\
&+ \frac{1}{4}\mathscr{F}\Big\{F_1(\nu_x, \nu_y)\exp\left[-i2\pi\left(\frac{1}{\Lambda} - \frac{d}{2}\right)\nu_x\right] \cdot \exp(-i\delta) \\
&\quad + F_2(\nu_x, \nu_y)\exp\left[i2\pi\left(\frac{1}{\Lambda} - \frac{d}{2}\right)\nu_x\right] \cdot \exp(i\delta) \\
&\quad + F_1(\nu_x, \nu_y)\exp\left[i2\pi\left(\frac{1}{\Lambda} + \frac{d}{2}\right)\nu_x\right] \cdot \exp(i\delta) \\
&\quad + F_2(\nu_x, \nu_y)\exp\left[-i2\pi\left(\frac{1}{\Lambda} + \frac{d}{2}\right)\nu_x\right] \cdot \exp(-i\delta)\Big\} \quad (7.65)
\end{aligned}$$

したがって，$1/\Lambda = d/2$，$\delta = -\pi/2$ であれば，

$$\begin{aligned}
g(x, y) &= f_1\left(x+\frac{d}{2}, y\right) + f_2\left(x-\frac{d}{2}, y\right) + \frac{i}{4}[f_1(x, y) - f_2(x, y)] \\
&- \frac{i}{4}[f_1(x+d, y) - f_2(x-d, y)] \quad (7.66)
\end{aligned}$$

となり，この強度をとると，出力面の $x=0$ 付近にパターンの差 $|f_1(x, y) - f_2(x, y)|^2$ が得られる．なお，この方法では出力面の $x=d, d/2, 0, -d/2, -d$ 付近に合計5つのパターンが観測される．出力パターン間の分離を良くするために，3ビームによるホログラフィック格子[*2)]を用いる方法もある[26)]．

[*2)] 回折格子のつくり方に，平面波や球面波を干渉させ干渉縞をつくり，これを漂白やエッチングする方法がある．これをホログラフィック格子という．

7.9 座標変換[27]

　画像間の和差演算や相関を計算する場合に，入力の座標を変換して，パターンの正規化を行う必要がある．ここでは，計算機ホログラムによる位相フィルタを用いた座標変換について述べる．

　いま，x-y 座標系の点 (x, y) を u-v 座標系の点 (u, v) に写像する場合を考えよう．2点間には

$$u = p(x, y) \tag{7.67}$$
$$v = q(x, y) \tag{7.68}$$

の関係があるものとする．このような変換は，ある種の微分方程式の解として得られるものであるが，その解が存在するためには，

$$\frac{\partial p(x, y)}{\partial y} = \frac{\partial q(x, y)}{\partial x} \tag{7.69}$$

が必要である．

　さて，図 7.21 のように，x-y 座標系と u-v 座標系とは互いにフーリエ変換の関係にあり，また座標変換を行う位相フィルタ $\exp[i\phi(x, y)]$ は x-y 面直後に置かれているとしよう．このとき，次の式が得られる．

$$F(u, v) = \iint_{-\infty}^{\infty} f(x, y) \exp[i\phi(x, y)] \exp\left[-i\frac{2\pi}{\lambda f}(xu + yv)\right] dx dy \tag{7.70}$$

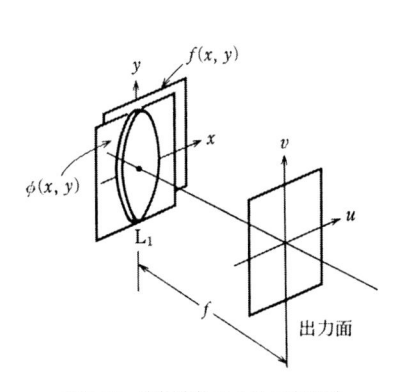

図 7.21　座標変換のための光学系

図 7.22　対数座標変換のためのホログラム

ここで,
$$\Phi(x, y, u, v) = \frac{\lambda}{2\pi}\phi(x, y) - \left(\frac{xu}{f} + \frac{yv}{f}\right) \tag{7.71}$$
と置くと,
$$F(u, v) = \iint_{-\infty}^{\infty} f(x, y) \exp[ik\Phi(x, y, u, v)] \mathrm{d}x\mathrm{d}y \tag{7.72}$$
と書ける.ここで,波数 $k = 2\pi/\lambda$ はきわめて大きな数であることから,$\Phi(x, y)$ の変化が緩やかな部分を除いて,$\exp[ik\Phi(x, y)]$ は ± 1 の間を激しく振動してしまい,式 (7.72) の積分には寄与しない[*3].積分に寄与するのは,
$$\frac{\partial \Phi(x, y)}{\partial x} = \frac{\partial \Phi(x, y)}{\partial y} = 0 \tag{7.73}$$
の部分である.したがって,式 (7.71) より
$$\frac{\partial \phi}{\partial x} = \frac{2\pi}{\lambda f} u \tag{7.74}$$
$$\frac{\partial \phi}{\partial y} = \frac{2\pi}{\lambda f} v \tag{7.75}$$
が成立する.

(1) 等倍結像 同じ大きさの像ができるときには $u = -x$, $v = -y$ であるので,次の関係が得られる.
$$\phi(x, y) = -\frac{\pi(x^2 + y^2)}{\lambda f} \tag{7.76}$$
これは式 (6.13) のレンズの作用と同じである.

(2) 対数座標変換 $u = \ln x$, $v = \ln y$ とする場合には,次の式が得られる.
$$\phi(x, y) = \frac{2\pi(x \ln x - x + y \ln y - y)}{\lambda f} \tag{7.77}$$

[*3] ここで,式 (7.72) の積分が (x_0, y_0) でのみ極値をとるとする.このとき,
$$\frac{\partial \Phi}{\partial x} = \Phi_x(x_0, y_0) = 0, \quad \frac{\partial \Phi}{\partial y} = \Phi_y(x_0, y_0) = 0$$
しかも,$f(x, y)$ が (x_0, y_0) で連続であり,
$$\Phi_{xx}\Phi_{yy} - \Phi_{xy}^2 \neq 0, \quad \Phi_{yy} \neq 0$$
が成立するものとする.ただし,$\Phi_{xx}, \Phi_{yy}, \Phi_{xy}$ は (x_0, y_0) における偏微分である.このとき,$k \to \infty$ であるならば,
$$\iint_{-\infty}^{\infty} f(x, y) \exp[ik\Phi(x, y, u, v)] \mathrm{d}x\mathrm{d}y \simeq \frac{\mathrm{i}2\pi f(x_0, y_0)}{k\sqrt{\Phi_{xx}\Phi_{yy} - \Phi_{xy}^2}} \exp[ik\Phi(x_0, y_0)]$$
となる.このようにして積分を求める方法を停留位相法 (stationary phase method) という[28].

図 7.22 にこの特性をもったフィルタの計算機ホログラムを示す．このフィルタによって座標変換を行い，これを光学的にフーリエ変換すれば次のメラン変換が得られる．

7.10 メ ラ ン 変 換[28, 29]

入力信号 $f(x)$ に対して

$$\mathcal{M}[f(x)] = M(s) = \int_0^\infty f(x) x^{s-1} dx \tag{7.78}$$

で定義される変換をメラン変換（Melin transform）という．この変換は入力の倍率が変化しても，その絶対値は変化しない．このため，倍率の異なる入力に対する空間周波数フィルタリングを行う場合に，入力信号を規格化するために利用される．メラン変換は複素空間への写像で，複素数 s を

$$s = \alpha + i\omega \tag{7.79}$$

と置き，さらに $x = \exp(\xi)$ とおくと，式（7.78）は

$$M(s) = \int_{-\infty}^\infty f[\exp(\xi)] \exp[\xi(\alpha + i\omega)] d\xi \tag{7.80}$$

となる．これはラプラス変換である．また，s が純虚数で $s = -i2\pi\nu$ であるときには，

$$M(\nu) = \int_{-\infty}^\infty f[\exp(\xi)] \exp(-i2\pi\nu\xi) d\xi \tag{7.81}$$

となり，フーリエ変換となる．

このように，s を純虚数 $s = -i2\pi\nu$ として，

$$M(\nu) = \int_0^\infty f(x) x^{-i2\pi\nu - 1} dx \tag{7.82}$$

をメラン変換と呼ぶことがある．このメラン変換には逆変換も存在する．

$$f(x) = \mathcal{M}^{-1}\{\mathcal{M}[f(x)]\} = \int_{-\infty}^\infty M(\nu) x^{i2\pi\nu} d\nu \tag{7.83}$$

ここで，$f(\alpha x)$ のメラン変換を考えよう．

$$\mathcal{M}[f(\alpha x)] = \int_0^\infty f(\alpha x) x^{i2\pi\nu - 1} dx$$

$$= \int_0^\infty f(x) \left(\frac{x}{\alpha}\right)^{i2\pi\nu - 1} \frac{dx}{\alpha}$$

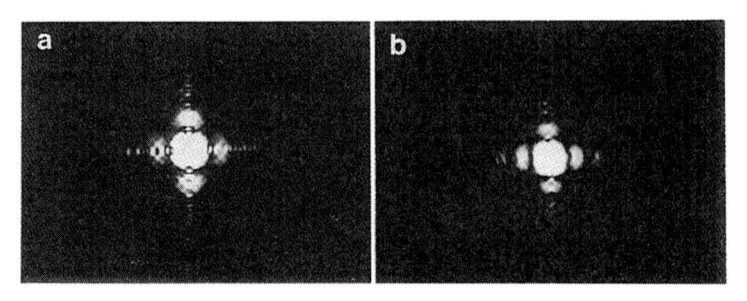

図 7.23 倍率の異なる矩形開口のメラン変換

$$= \alpha^{i2\pi\nu} \int_0^\infty f(x) x^{-i2\pi\nu-1} dx = \alpha^{i2\pi\nu} \mathcal{M}[f(x)] \tag{7.84}$$

したがって,

$$|\mathcal{M}[f(\alpha x)]| = |\mathcal{M}[f(x)]| \tag{7.85}$$

つまり,メラン変換の絶対値は信号の倍率によらない.

2次元のメラン変換は

$$F(\nu_x, \nu_y) = \iint_0^\infty f(x, y) x^{-i2\pi\nu_x-1} y^{-i2\pi\nu_y-1} dxdy \tag{7.86}$$

のように定義される.前と同様に,

$$x = \exp(\xi) \tag{7.87}$$
$$y = \exp(\eta) \tag{7.88}$$

と置くと,次の式が得られる.

$$F(\nu_x, \nu_y) = \int_{-\infty}^\infty f[\exp(\xi), \exp(\eta)] \exp[-i2\pi(\nu_x\xi+\nu_y\eta)] d\xi d\eta \tag{7.89}$$

したがって,$f[\exp(\xi), \exp(\eta)]$ のフーリエ変換を行えばメラン変換が得られる.このとき,

$$\xi = \ln x \tag{7.90}$$
$$\eta = \ln y \tag{7.91}$$

であるので,このような座標変換を行うフィルタは,式 (7.77) より次のようになる.

$$\phi(x, y) = \frac{2\pi(x \ln x - x + y \ln y - y)}{\lambda f} \tag{7.92}$$

すでにこの特性のフィルタを図 7.22 に示した.このフィルタによって座標

変換を行い，これを光学的にフーリエ変換すれば，メラン変換を得る．倍率の異なる矩形開口の光学的メラン変換を図7.23に示す．これはメラン変換の強度分布であるので，その形状は同じになる．

7.11 X 線 CT

人体などの断層映像を得る方法に，X線CT（computer tomograhy）がある．この方法では，図7.24に示すように，対象とする物体に多数方向からX線を平行投影し，そのとき得られる複数枚の投影画像から物体の断層画像を計算する．対象物のX線に対する吸収係数（減弱係数）をμとしよう．吸収係数は，物質の種類，密度，X線の波長などで決まる．物体を透過後のX線のエネルギーは，

$$I = I_0 \exp(-\mu l) \tag{7.93}$$

で与えられる．ただし，I_0は入射エネルギーで，lは通過距離である．吸収率は，

$$\mu = -\frac{\log(I/I_0)}{l} \tag{7.94}$$

で与えられる．次に，吸収係数に分布があり，$\mu(x, y)$で表される場合を考えよう．まず，物体に固定した(x, y)座標を定義し，投影方向をY方向とし，それに直交する方向をX軸としよう．x軸とX軸の成す角をθとする．このとき，

$$x = X\cos\theta - Y\sin\theta \tag{7.95}$$
$$y = X\sin\theta + Y\cos\theta \tag{7.96}$$

である．Y軸方向に投影された吸収率分布$\mu(x, y)$は，

$$\begin{aligned}p(X, \theta) &= \int_{-\infty}^{\infty} \mu(x, y) \, dY \\ &= \int_{-\infty}^{\infty} \mu(X\cos\theta - Y\sin\theta, X\sin\theta + Y\cos\theta) \, dY\end{aligned} \tag{7.97}$$

である．これをラドン変換という．

ここで，吸収率分布$\mu(x, y)$の2次元フーリエ変換を，

$$M(\nu_x, \nu_y) = \iint_{-\infty}^{\infty} \mu(x, y) \exp[-i2\pi(x\nu_x + y\nu_y)] \, dx \, dy \tag{7.98}$$

で表し，極座標 $(\rho\cos\theta, \rho\sin\theta)$ に変換すると，

$$
\begin{aligned}
M(\rho\cos\theta, \rho\sin\theta) &= \iint_{-\infty}^{\infty} \mu(x,y)\exp[-\mathrm{i}2\pi\rho(x\cos\theta+y\sin\theta)]\mathrm{d}x\mathrm{d}y \\
&= \int_{-\infty}^{\infty}\Bigl[\int_{-\infty}^{\infty}\mu(X\cos\theta-Y\sin\theta, X\sin\theta+Y\cos\theta)\mathrm{d}Y\Bigr] \\
&\quad \times \exp(-\mathrm{i}2\pi X\rho)\mathrm{d}X \\
&= \int_{-\infty}^{\infty} p(X,\theta)\exp(-\mathrm{i}2\pi X\rho)\mathrm{d}X \qquad (7.99)
\end{aligned}
$$

が得られる．投影画像 $p(X,\theta)$ の1次元フーリエ変換は，吸収率分布 $\mu(x,y)$ の2次元フーリエ変換 $M(\nu_x,\nu_y)$ の ρ 軸上のスペクトル成分 $M(\rho\cos\theta, \rho\sin\theta)$ を与える．これを投影切断面定理という．

したがって，物体を投影する方向を変えて（θ を変えて）多数の投影画像を取得し，このフーリエ変換 $M(\rho\cos\theta, \rho\sin\theta)$ によって2次元フーリエ変換

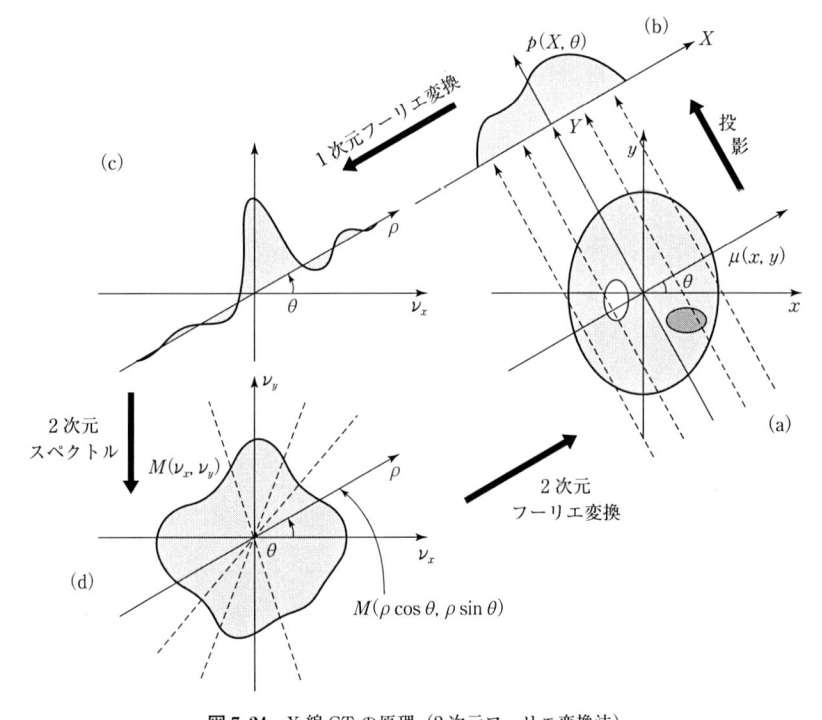

図 7.24 X線CTの原理（2次元フーリエ変換法）
(a) 物体，(b) 投影像，(c) 投影像のフーリエ変換，(d) 2次元フーリエスペクトル

$M(\nu_x, \nu_y)$ 成分をすべて求めれば,これを逆変換することにより,吸収率分布 $\mu(x, y)$ を求めることができる.すなわち,

$$\mu(x, y) = \iint_{-\infty}^{\infty} M(\nu_x, \nu_y) \exp\left[\mathrm{i}2\pi(x\nu_x + y\nu_y)\right] \mathrm{d}x\mathrm{d}y \tag{7.100}$$

この方法は,2次元フーリエ変換法と呼ばれている.

ここで,2次元フーリエ変換 $M(\nu_x, \nu_y)$ は直交座標系で表され,取得できるスペクトルは,極座標上のデータ $M(\rho\cos\theta, \rho\sin\theta)$ であるので,内挿演算によって極座標値から直交座標値への変換を行う必要がある.実際には,θ を無限に細かくとることはできないので,直交座標系で高周波成分ほどデータ点が

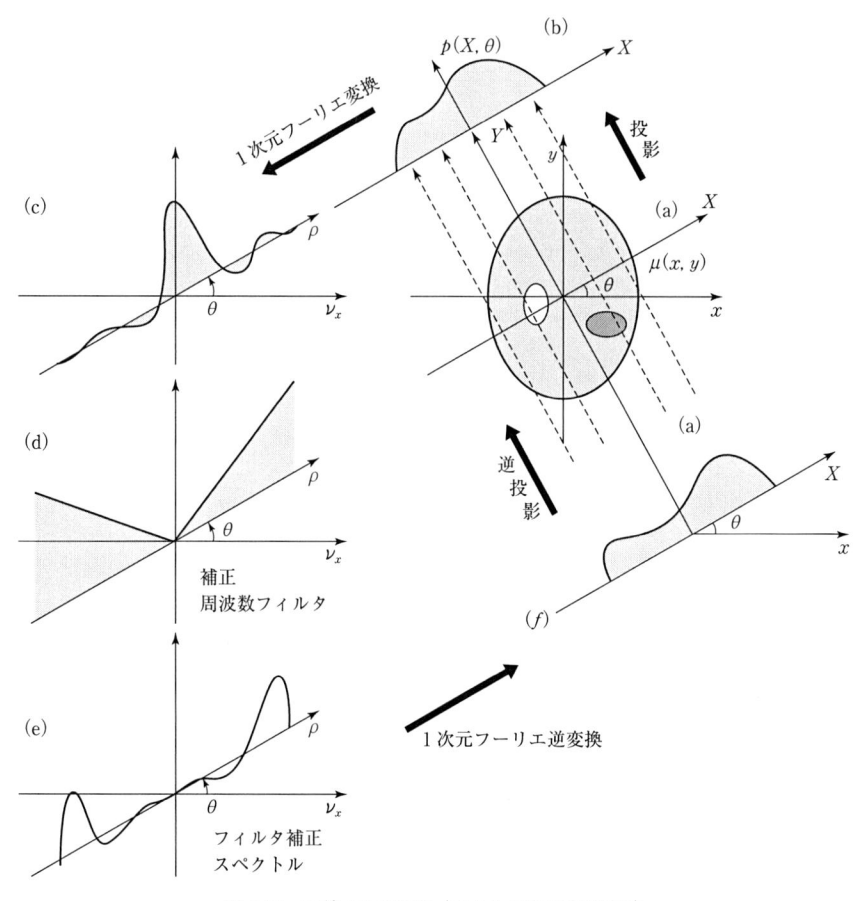

図 7.25 X 線 CT の原理(フィルタ補正逆投影法)

粗になり，内挿によっても誤差が生じる．この内挿による誤差を低減する方法として，フィルタ補正逆投影法がある（図 7.25）．まず，式（7.100）を $\nu_x = \rho\cos\theta, \nu_y = \rho\sin\theta$ とした極座標系に書き換える．

$$\mu(x,y) = \iint_{-\infty}^{\infty} M(\nu_x, \nu_y) \exp[i2\pi(x\nu_x + y\nu_y)] dxdy$$

$$= \int_0^{2\pi}\int_0^{\infty} M(\rho\cos\theta, \rho\sin\theta) \exp[i2\pi\rho(x\cos\theta + y\sin\theta)] \rho d\rho d\theta$$

$$= \int_0^{\pi}\int_{-\infty}^{\infty} M(\rho\cos\theta, \rho\sin\theta)|\rho| \exp[i2\pi\rho(x\cos\theta + y\sin\theta)] \rho d\rho d\theta$$

$$= \int_0^{\pi}\left[\int_{-\infty}^{\infty} M(\rho\cos\theta, \rho\sin\theta)|\rho| \exp(i2\pi X\rho) d\rho\right] d\theta \quad (7.101)$$

つまり，まず，投影画像のフーリエ変換 $M(\rho\cos\theta, \rho\sin\theta)$ に周波数フィルタ $|\rho|$ を掛けて，1次元フーリエ逆変換を行う．この画像をフィルタ補正投影画像とよぶ．次に，この操作を多数の θ について行い，複数枚のフィルタ補正画像を得る．最後に，フィルタ補正画像を θ について積分すれば，求めたい吸収率分布 $\mu(x,y)$ が得られる．これが，フィルタ補正逆投影法である．数学的には，フィルタ補正逆投影法も2次元フーリエ変換法も等価である．

問　題

7.1 パターン $f(x,y)$ をパターン $g(x,y)$ に変換するフィルタ（コード変換フィルタ）を設計せよ．
7.2 ホログラフィの特徴とその応用について述べよ．
7.3 計算機ホログラムの具体的応用を2つあげて説明せよ．
7.4 倍率不変の変換がメラン変換であるが，回転不変の変換は何か．また，倍率と回転が同時に不変となる変換は存在するか．

参考図書

H. Stark ed.：Applications of Optical Fourier Transforms, Academic Press (1982).
N. J. Berg and J. N. Lee：Acousto-Optic Signal Processing, Marcel Dekker, New York (1987).
D. G. Feitelson：Optical Computing, MIT Press, Cambridge (1988).
　（光演算研究会訳：光コンピューティング，森北出版，1991）
B. S. Wherrett and F. A. P. Tooley：Optical Computing, Scottish Universities Summer School in Physics (1988).
R. Arrathoon ed.：Optical Computing, Marcel Dekker, New York (1989).
石原　聰：光コンピュータ，岩波書店（1989）．

谷田貝豊彦ほか：光コンピュータ読本，サイエンス社（1989）．
辻内順平，一岡芳樹，峯本　工：光情報処理，オーム社（1989）．
谷田貝豊彦：光情報処理の基礎，丸善（1998）．
谷田貝豊彦：光コンピューティング，共立出版（2004）．

文　　献

1) L. J. Cutrona, E. N. Leith, C. J. Palermo and L. J. Porcello：*IRE Trans. Information Theory*, **IT-6**, 386 (1960).
2) A. Vander Lugt：*Proc. IEEE*, **62**, 1300 (1974).
3) S. H. Lee：*Opt. Eng.*, **13**, 196 (1974).
4) F. Zernike：*Z. Tech. Phys.*, **16**, 454 (1935).
5) P. Jacquinot and B. Roizen-Dossier：Progress in Optics (E. Wolf ed.), Vol. III, p. 29, North-Holland (1964).
6) H. Osterberg and J. E. Wilkins, Jr.：*J. Opt. Soc. Amer.*, **39**, 553 (1959).
7) A. Vander Lugt：*IEEE Trans. Information Theory*, **IT-10**, 139 (1959).
8) G. L. Turin：*IRE Trans. Information Theory*, **IT-6**, 311 (1960).
9) 瀧　保夫：通信方式，p. 260，コロナ社（1963）．
10) P. Hariharan：Optical Holography, Cambridge Press, Cambridge (1984).
11) 述内順平：ホログラフィー，裳華房（1997）．
12) A. W. Lohmann and D. P. Paris：*Appl. Opt.*, **6**, 575 (1967).
13) W-H. Lee：Progress in Optics, Vol. XVI (E. Wolf ed.), p. 119, North-Holland (1978).
14) W. J. Dallas：The computer in optical research. Topics in Applied Physics, Vol. 41 (B. R. Frieden ed.), p. 291, Springer-Verlag, Berlin (1978).
15) 谷田貝豊彦：精密機械，**47**, 1541 (1981).
16) T. M. Turpin：*Proc. IEEE*, **69**, 79 (1981).
17) D. P. Casasent：Optical Information Processing (S. H. Lee ed.), p. 181, Springer-Verlag, Berlin (1981).
18) W. T. Rhodes：*Proc. IEEE*, **69**, 65 (1981).
19) R. A. Sprague：*Opt. Eng.*, **16**, 467 (1977).
20) R. A. Sprague and C. L. Koliopolus：*Appl. Opt.*, **15**, 89 (1976).
21) C. Weaver：*Appl. Opt.*, **5**, 124 (1960).
22) B. Javidi：*Appl. Opt.*, **28**, 2358 (1989).
23) J. F. Ebersole：*Opt. Eng.*, **14**, 436 (1975).
24) D. Gabor, G. W. Stroke, R. Restrick, A. Funkhouser and D. Brumm：*Phys. Lett.*, **18**, 116 (1965).
25) S. H. Lee, S. K. Yao and A. J. Milnes：*J. Opt. Soc. Amer.*, **60**, 1037 (1970).
26) K. Matsuda, N. Takeya, J. Tsujiuchi and M. Shinoda：*Opt. Commun.*, **2**, 425 (1971).
27) O. Bryngdahl：*J. Opt. Soc. Amer.*, **64**, 4092 (1974).
28) D. Casasent and C. Szczulkowski：*Opt. Commun.*, **19**, 217 (1976).
29) T. Yatagai, K. Choji and H. Saito：*Opt. Commun*, **38**, 162 (1981).

8

解析信号とヒルベルト変換

　実数である単色の正弦波 $\cos(2\pi\nu t)$ を複素表示して $\exp(i2\pi\nu t)$ とすると計算上便利であることはすでに述べた．線形の演算をする限り，波動を複素表示して計算をすすめ，最後に結果の実数をとればよい．では，波動が単色の正弦波でない場合はどのように取り扱えばよいであろうか．ここではスペクトル分布をもつ非単色光を取り扱うために，解析信号を導入する．

8.1　複素表示と負の周波数

　実数の正弦信号
$$u(t) = A(t)\cos\phi(t) \tag{8.1}$$
を考えよう．この信号が正弦波と見なせる場合には
$$\phi(t) = 2\pi\nu t + \varphi(t) \tag{8.2}$$
と書ける．ただし，$A(t)$ と $\varphi(t)$ は $2\pi\nu t$ よりも十分ゆっくり変化する関数とする．式 (8.2) の両辺を微分すると，
$$\frac{\partial\phi(t)}{\partial t} = 2\pi\nu + \frac{\partial\varphi(t)}{\partial t} \tag{8.3}$$
ここで，$2\pi\nu t \gg \partial\varphi(t)/\partial t$ であるので，第2項を無視すれば，
$$\nu = \frac{1}{2\pi}\frac{\partial\phi(t)}{\partial t} \tag{8.4}$$
である．つまり，位相の変化率が周波数を与える．

　式 (8.1) を見ると，位相 $\phi(t)$ の増加とともに正弦的に $u(t)$ が振動する．これを図式的に表すと，図 8.1(a) に示すように，ベクトルの回転と見なすこと

8.1　複素表示と負の周波数

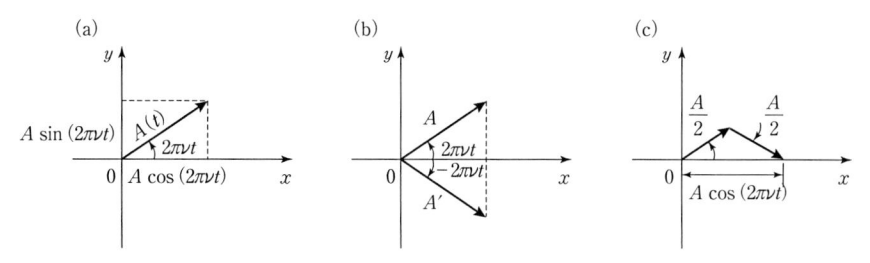

図 8.1　正弦信号の複素表示

ができる．ベクトルの x 軸方向の射影が $A(t)\cos\phi(t)$ を与える．

式 (8.1) を用いて，正弦信号 $u(t)$ の振幅 $A(t)$ と位相 $\phi(t)$ を独立に計算することはできない．このことは，図 8.1(a) のベクトルの大きさと偏角を，x 軸方向の射影 $A(t)\cos\phi(t)$ からは求められないことからも明らかであろう．

ベクトルの大きさと偏角を求めるためには，y 軸方向の射影 $A(t)\sin\phi(t)$ の情報も必要である．図 8.1(a) の座標空間を複素空間と見なして，x 軸を実軸，y 軸を虚軸とし，信号を複素信号に拡張して，

$$u_c(t) = A(t)\cos\phi(t) + \mathrm{i}A(t)\sin\phi(t) = A(t)\exp[\mathrm{i}\phi(t)] \tag{8.5}$$

と表すと，ベクトルの大きさと偏角の情報を独立に含んだ表現となる．いままで，波動を複素表示で扱ってきた理由は，x 軸上の実関数で考えるよりは，より一般化された複素信号を考えることにより，振幅成分や位相成分をより直接的に取り扱えることにある．

さて，$\cos[\phi(t)] = \cos[-\phi(t)]$ の関係があるので，図 8.1(a) で x 軸方向の射影 $A(x)\cos\phi(x)$ を与えるものは，逆向きに回転する 2 つのベクトルの可能性がある（図 8.1(b)）．図 8.1(c) に示すように，x 軸方向の射影 $A(t)\cos\phi(t)$ を表すのに両ベクトルの和を用いることを考えよう．これを複素表示で表すと，

$$A(t)\cos\phi(t) = \frac{1}{2}\{A(t)\exp[\mathrm{i}\phi(t)] + A(t)\exp[-\mathrm{i}\phi(t)]\} \tag{8.6}$$

右辺第 1 項が反時計回りに回転するベクトル，第 2 項が時計回りに回転するベクトルを表している．ベクトルが一定の速度で回転している場合には，式 (8.2) から $\phi(t) = 2\pi\nu t$ として，

$$u(t) = A(t)\cos(2\pi\nu t) = \frac{1}{2}[A(t)\exp(\mathrm{i}2\pi\nu t) + A(t)\exp(-\mathrm{i}2\pi\nu t)] \qquad (8.7)$$

波動 $A(t)\cos(2\pi\nu t)$ は，回転するベクトル $A(t)\exp(\mathrm{i}2\pi\nu t)$ と，これと逆向きに回転するベクトル $A(t)\exp(-\mathrm{i}2\pi\nu t)$ の和で表されていることがわかる．このように，互いに逆向きに回転する2つのベクトルの和は，実軸上にあるベクトルになる．つまり実数になることに注意せよ．

ベクトルの回転方向が逆ということは，回転角はマイナスであることであり，周波数がマイナスであることに対応する．これが，負の周波数の物理的解釈である．式 (8.7) からわかるように，実の正弦関数は正の周波数と負の周波数成分をもっている．

8.2 解 析 信 号[1,2]

単色光を取り扱う場合に，実関数である光波の振幅を
$$u(t) = a(t)\cos(\phi - 2\pi\nu t) \qquad (8.8)$$
と書いた．これを複素表示にすると次のようになる．
$$u_c(t) = a(t)\exp[\mathrm{i}(\phi - 2\pi\nu t)] \qquad (8.9)$$
必要に応じて，その実部をとれば，実振幅 $u(t)$ が求まる．スペクトル分布を有する非単色光に対しても，複素表示 $v_c(t)$ の実部 $\mathrm{Re}[v_c(t)]$ が，現実の光波の振幅 $v(t)$ を与えるような複素表示を利用すると便利である．これが "解析信号"（analytic signal）である．

いま，$v(t)$ のフーリエ積分表示
$$v(t) = \int_{-\infty}^{\infty} V(\nu)\exp(-\mathrm{i}2\pi\nu t)\,\mathrm{d}\nu \qquad (8.10)$$
を考えよう．ただし，
$$V(\nu) = A(\nu)\exp[\mathrm{i}\Phi(\nu)] \qquad (8.11)$$
であり，$A(\nu)$ は $V(\nu)$ の振幅，$\Phi(\nu)$ はその位相である．$v(t)$ が実関数であると，
$$A(\nu) = A(-\nu) \qquad (8.12)$$
および
$$\Phi(-\nu) = -\Phi(\nu) \qquad (8.13)$$

でなくてはならないことが，式 (8.10) のフーリエ変換の複素共役をとることからわかる．

このとき，

$$v(t) = 2\int_0^\infty A(\nu) \cos[\Phi(\nu) - 2\pi\nu t] d\nu \tag{8.14}$$

が得られる．したがって，実関数 $v(t)$ に対して，複素関数

$$z(t) = 2\int_0^\infty A(\nu) \exp[i\Phi(\nu) - i2\pi\nu t] d\nu \tag{8.15}$$

を対応させれば，

$$\begin{aligned}z(t) &= 2\int_0^\infty A(\nu) \cos[\Phi(\nu) - 2\pi\nu t] d\nu \\ &\quad + 2i\int_0^\infty A(\nu) \sin[\Phi(\nu) - 2\pi\nu t] d\nu\end{aligned} \tag{8.16}$$

より，

$$v(t) = \text{Re}[z(t)] \tag{8.17}$$

となることがわかる．また，$z(t)$ は正の周波数成分のみで表すことができることに注意．$z(t)$ を $v(t)$ の解析信号という．ここで，

$$z(t) = z_R(t) + iz_I(t) = v(t) + i\hat{v}(t) \tag{8.18}$$

と置くことにする．ただし，$z_R(t), z_I(t)$ は $z(t)$ の実部と虚部である．

解析信号 $z(t)$ のフーリエ変換は次のようになる．

$$Z(\nu) = \int_{-\infty}^\infty z(t) \exp(i2\pi\nu t) dt \tag{8.19}$$

また，式 (8.15) と式 (8.11) より，

$$\begin{aligned}z(t) &= 2\int_0^\infty V(\nu) \exp(-i2\pi\nu t) d\nu \\ &= 2\int_{-\infty}^\infty V(\nu) U(\nu) \exp(-i2\pi\nu t) d\nu\end{aligned} \tag{8.20}$$

ただし，

$$U(\nu) = \begin{cases} 1; & \nu \geqq 0 \\ 0; & \nu < 0 \end{cases} \tag{8.21}$$

よって，式 (8.19) と式 (8.20) より，

$$Z(\nu) = \begin{cases} 2V(\nu); & \nu \geqq 0 \\ 0; & \nu < 0 \end{cases} \tag{8.22}$$

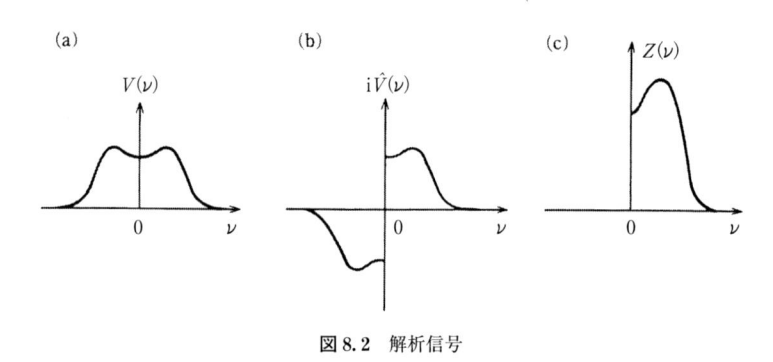

図 8.2 解析信号

の関係が得られる.

ここで,

$$Z(\nu) = V(\nu) + i\hat{V}(\nu) \tag{8.23}$$

とすると,

$$\hat{V}(\nu) = \begin{cases} -iV(\nu); & \nu \geq 0 \\ iV(\nu); & \nu < 0 \end{cases}$$

$$= -iV(\nu)\operatorname{sgn}(\nu) \tag{8.24}$$

が得られる. $\hat{V}(\nu)$ と $\hat{v}(t)$ は互いにフーリエ変換の関係にある. これらの関係を図示すると図 8.2 のようになる.

なお, $z(t)$ が解析信号と呼ばれる理由は, 式 (8.20) の第 1 式の積分において, 積分範囲の下限が 0 であり, したがって, t を $t = \alpha + i\beta$ のように複素数に拡張したとき, 複素平面の下半分 $\beta < 0$ の領域で積分は絶対収束し, 解析的であることによる.

8.3 ヒルベルト変換

式 (8.18) と式 (8.24) から,

$$z_I(t) = \hat{v}(t) = \mathscr{F}^{-1}[\hat{V}(\nu)]$$

$$= \mathscr{F}^{-1}\{V(\nu)[-i\operatorname{sgn}(\nu)]\}$$

$$= z_R(t) * \frac{1}{\pi t}$$

8.3 ヒルベルト変換

表 8.1 関数とそのヒルベルト変換

関数 $v(t)$	ヒルベルト変換 $\hat{v}(t) = \mathcal{H}[v(t)]$
$\hat{v}(t)$	$-v(t)$
$v(t)\exp(\mathrm{i}2\pi\nu t)$	$-\mathrm{i}v(t)\exp(\mathrm{i}2\pi\nu t)$
$v(t)\exp(-\mathrm{i}2\pi\nu t)$	$\mathrm{i}v(t)\exp(-\mathrm{i}2\pi\nu t)$
$v(t)\cos(2\pi\nu t)$	$v(t)\sin(2\pi\nu t)$
$v(t)\sin(2\pi\nu t)$	$-v(t)\cos(2\pi\nu t)$
$\delta(t)$	$1/(\pi t)$

$$= \frac{1}{\pi}P\int_{-\infty}^{\infty}\frac{z_R(t')}{t-t'}\mathrm{d}t' \tag{8.25}$$

ここで，P はコーシーの主値[*1)]をとることを意味する．よって，$z(t)$ の実部 $z_R(t)=v(t)$ と虚部 $z_I(t)=\hat{v}(t)$ は独立な関数ではない．$z_R(t)$ から $z_I(t)$ への変換はヒルベルト変換と呼ばれている．ヒルベルト変換を $\mathcal{H}[\cdot]$ で表すと $\hat{v}(t) = \mathcal{H}[v(t)] = v(t)*\dfrac{1}{\pi t}$ である．

ヒルベルト変換には逆変換も存在する．表 8.1 にヒルベルト変換の例を示す．

図 8.3 に，$\cos(2\pi t)$ がヒルベルト変換により $\sin(2\pi t)$ となり，再度ヒルベルト変換すると $-\cos(2\pi t)$ になることを図示した．

ヒルベルト変換対 $v(t)$ と $\hat{v}(t)$ に対して，

$$\begin{aligned}
\int_{-\infty}^{\infty}v(t)\cdot\hat{v}^*(t)\mathrm{d}t &= \int_{-\infty}^{\infty}\mathcal{F}^{-1}[V(\nu)*\hat{V}^*(-\nu)]\mathrm{d}t \\
&= \iiint_{-\infty}^{\infty}V(\nu-\nu')\hat{V}^*(-\nu')\mathrm{d}\nu'\exp(\mathrm{i}2\pi\nu t)\mathrm{d}\nu\mathrm{d}t \\
&= \iint_{-\infty}^{\infty}v(t)\exp(\mathrm{i}2\pi\nu't)\mathrm{d}t\hat{V}^*(-\nu')\mathrm{d}\nu' \\
&= \int_{-\infty}^{\infty}V(-\nu')\hat{V}^*(-\nu')\mathrm{d}\nu' \\
&= \int_{-\infty}^{\infty}(-\mathrm{i})\,\mathrm{sgn}\,(\nu')V(-\nu')V^*(-\nu')\mathrm{d}\nu' \\
&= \mathrm{i}\int_{-\infty}^{\infty}\mathrm{sgn}\,(\nu)|V(\nu)|^2\mathrm{d}\nu \\
&= 0 \tag{8.26}
\end{aligned}$$

[*1)] コーシーの主値は，

$$\int_{-\infty}^{\infty}\frac{f(x)}{x-y}\mathrm{d}x = \lim_{\epsilon\to+0}\left[\int_{-\infty}^{y-\epsilon}\frac{f(x)}{x-y}\mathrm{d}x + \int_{y+\epsilon}^{\infty}\frac{f(x)}{x-y}\mathrm{d}x\right]$$

で与えられる．このようにすると，$x=y$ で発散することが回避される．

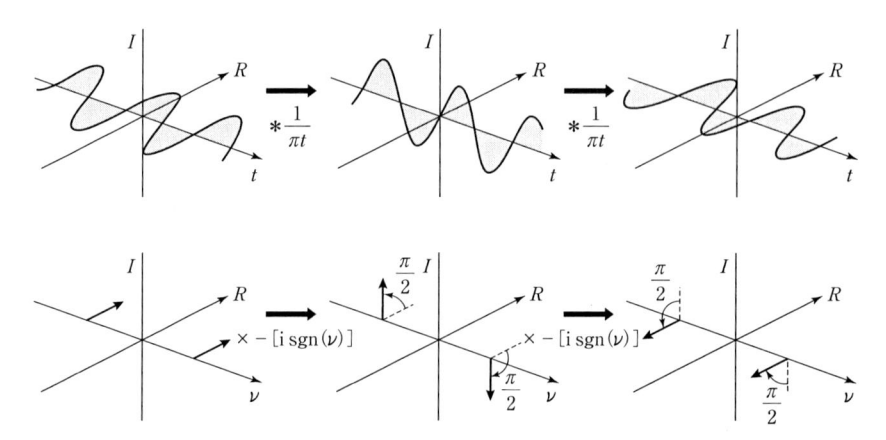

図 8.3 $\cos(2\pi t)$ のヒルベルト変換は $\cos(2\pi t)$ と $1/(\pi t)$ のコンボリューション積分を計算すればよく，$\sin(2\pi t)$ が得られる．これをさらにヒルベルト変換すると $-\cos(2\pi t)$ になる．図の上部はこれを模式的に示す．下部はこのプロセスのフーリエ変換を示す．

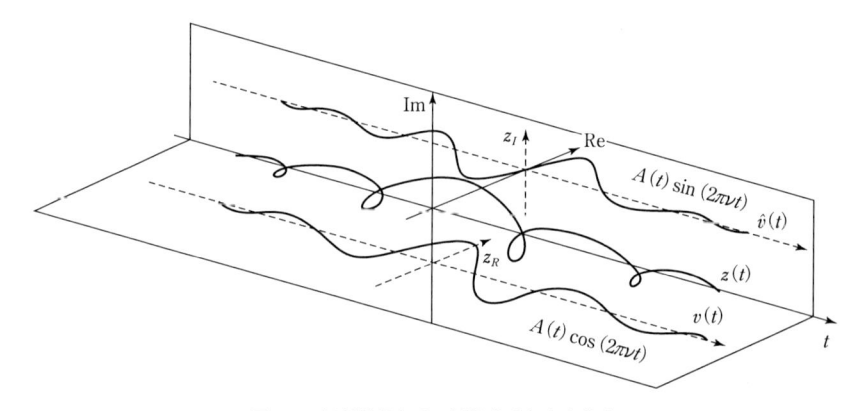

図 8.4 解析信号とその同相成分と直交成分

が成立する．したがって，解析信号の実部と虚部は直交している．解析信号の実部を同相（in-phase）成分，虚部を直交（quadrature）成分と呼ぶことがある．また，

$$A(t)\exp(i2\pi\nu t) = A(t)\cos(2\pi\nu t) + iA(t)\sin(2\pi\nu t) \tag{8.27}$$

であり，$A(t)\cos(2\pi\nu t)$ のヒルベルト変換は $A(t)\sin(2\pi\nu t)$ であるので，$A(t)\exp(i2\pi\nu t)$ は $A(t)\cos(2\pi\nu t)$ の解析信号であることもわかる．

　ある有限の広がりをもつ信号 $A(t)$ が周波数 ν で変調されていると，変換さ

れた信号は $A(t)\cos(2\pi t)$ と書くことができる．この変調信号の解析信号を $z(t)$ としたとき，$z(t)$ の時間変化を図 8.4 に示す．解析信号の同相成分 ($A(t)\cos(2\pi\nu t)$) と直交成分 ($A(t)\sin(2\pi\nu t)$) の変化がわかる．

このことから直ちに，変調された信号 $A(t)\cos(2\pi t)$ の振幅分布と位相分布は，その解析信号の実部 $z_R(t)$ と虚部 $z_I(t)$ から，次のように求められる．

$$A(t) = \sqrt{z_R(t)^2 + z_I(t)^2} \tag{8.28}$$

$$\phi(t) = \tan^{-1}\frac{z_I(t)}{z_R(t)} \tag{8.29}$$

問　題

8.1 連続時間信号 $v(t)$ のヒルベルト変換を $\hat{v}(t)$ とするとき，$\hat{v}(t)$ のヒルベルト変換を求めよ．

8.2 信号 $m(t)\cos(2\pi\nu_0 t)$ のヒルベルト変換を求めよ．

8.3 互いにヒルベルト変換の関係にある信号 $v(t)$ と $\hat{v}(t)$ のそれぞれのパワースペクトル（スペクトルの絶対値の 2 乗）は等しいことを示せ．

8.4 信号 $m(t)$ をキャリア周波数 ν の正弦波に乗せて振幅変調すると，

$$v(t) = m(t)\cos(2\pi\mu_0 t)$$

で書ける信号が得られる．解析信号を用いれば，この振幅変調信号から元の信号 $m(t)$ が得られる．どのような処理をすればよいか．

参考図書

城戸健一：ディジタルフーリエ解析 (II)，コロナ社 (2007)，第 12 章．
R. N. Bracewell：The Fourier Transform and its Applications, 2nd Ed., McGraw-Hill, New York (1986).

文　献

1) A. Papolis：Systems and Transforms with Applications in Optics, McGraw-Hill, New York (1968).
2) J. W. Goodman：Statistical Optics, p. 104, John Wiley & Sons, New York (1985).

9
干 渉 と 分 光

 光とフーリエ変換の関係をいろいろな観点から述べてきた．それは，主に光波の伝播に関するものであった．大部分の場合，光源は点光源で，しかも単色光源とする理想化された場合を取り扱ってきた.

 本書の終章として，まず，光源の性質に関連した話題を取り上げよう．つまり，光源の干渉特性について，次いで光源の大きさ，光源のスペクトル分布などを考えてみよう．光源の大きさの測定は，現在，恒星の視直径計測法として知られている．スペクトル分布の測定法は，フーリエ分光法として広く利用されている．最後に，このフーリエ分光法と近い関係にある位相シフト干渉法について述べる．

9.1　コヒーレンス[1~3]

 図9.1に示すように，光源がある広がりをもち，しかも単色ではない場合を考えよう．空間上に2点P_1とP_2を適当に選んで，この2点におけるコヒーレンスを調べてみよう．P_1とP_2の存在する面にピンホールをあけて両点の光波を取り出し，後方の一点P'における干渉の効果をみることにする．以後取り扱う光波$v(\boldsymbol{r}, t)$は，もはや単色ではないので，解析信号を用いて記述することにする．P'点における光波の振幅は，

$$v(\boldsymbol{r}_{P'}, t_1, t_2) = v(\boldsymbol{r}_1, t_1) + v(\boldsymbol{r}_2, t_2) \tag{9.1}$$

と表すことができる．ただし，P_1とP_2の各点における光波の複素振幅を，それぞれ$v(\boldsymbol{r}_1, t_1)$，$v(\boldsymbol{r}_2, t_2)$とした．

 光源が定常的である場合には，$v(\boldsymbol{r}', t_1, t_2)$は$t_1, t_2$そのものの関数ではなく，

9.1 コヒーレンス 149

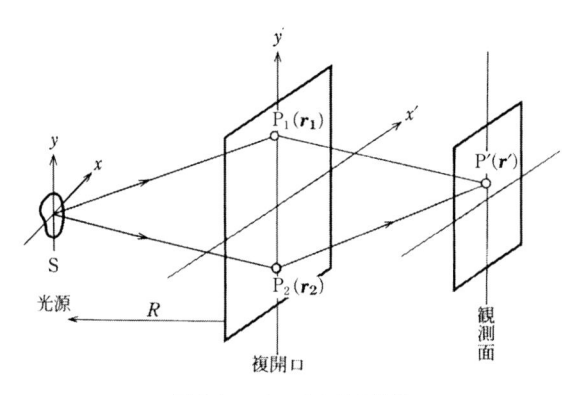

図 9.1 コヒーレンスの定義

その差 $\tau = t_2 - t_1$ の関数となる．これは，P_1 と P_2 を同時に発した光波が P′点に到達するまでの時間遅れに相当する．したがって，式 (9.1) は，

$$v(\boldsymbol{r}_{P'}, t) = v(\boldsymbol{r}_1, t+\tau) + v(\boldsymbol{r}_2, t) \tag{9.2}$$

と書ける．このとき，P′点の強度分布は，

$$I(\boldsymbol{r}') = \langle v(\boldsymbol{r}', t) v^*(\boldsymbol{r}', t) \rangle \tag{9.3}$$

と書ける．ここで，$\langle \ \rangle$ は時間的な平均操作を表す．式 (9.2) を式 (9.3) に代入すると次のようになる．

$$I(\boldsymbol{r}') = I(\boldsymbol{r}_1) + I(\boldsymbol{r}_2) + 2\mathrm{Re}[\Gamma_{12}(\boldsymbol{r}_1, \boldsymbol{r}_2, \tau)] \tag{9.4}$$

ただし，

$$\Gamma_{12}(\boldsymbol{r}_1, \boldsymbol{r}_2, \tau) = \langle v(\boldsymbol{r}_1, t+\tau) v^*(\boldsymbol{r}_2, t) \rangle \tag{9.5}$$

ここで，Γ_{12} の定義式にあたる式 (9.5) で，時間平均の操作 $\langle \ \rangle$ をあらたに書くと，

$$\Gamma_{12}(\boldsymbol{r}_1, \boldsymbol{r}_2, \tau) = \lim_{T \to \infty} \frac{1}{2T} \int_{-T}^{T} v(\boldsymbol{r}_1, t+\tau) v^*(\boldsymbol{r}_2, t) \, dt \tag{9.6}$$

のように書けるので，Γ_{12} は P_1 点と P_2 点における光波の複素相互相関関数であることがわかる．物理光学では Γ_{12} のことを "相互コヒーレンス相関"(mutual coherence function) と呼んでいる．

また，$\boldsymbol{r}_1 = \boldsymbol{r}_2$ のとき，

$$\Gamma_{11}(\tau) = \langle v(\boldsymbol{r}_1, t+\tau) v^*(\boldsymbol{r}_1, t) \rangle \tag{9.7}$$

であり，これは "自己コヒーレンス関数" と呼ばれている．$\tau = 0$ のときは，

$$\Gamma_{11}(0) = \langle v(\boldsymbol{r}, t) v^*(\boldsymbol{r}, t) \rangle = I(\boldsymbol{r}) \tag{9.8}$$

となり，これは $\boldsymbol{r}_1$ 点における光強度である．

相互コヒーレンス関数 Γ_{12} を $\Gamma_{11}(0)$ と $\Gamma_{22}(0)$ で規格化する．

$$\gamma_{12}(\tau) = \frac{\Gamma_{12}(\tau)}{\sqrt{\Gamma_{11}(0)\Gamma_{22}(0)}} = \frac{\Gamma_{12}(\tau)}{\sqrt{I(\boldsymbol{r}_1)I(\boldsymbol{r}_2)}} \tag{9.9}$$

これを"複素コヒーレンス度"(complex degree of coherence) と呼んでいる．したがって，強度 (9.4) は，

$$I(\boldsymbol{r}') = I(\boldsymbol{r}_1) + I(\boldsymbol{r}_2) + 2\sqrt{I(\boldsymbol{r}_1)I(\boldsymbol{r}_2)}\,\mathrm{Re}[\gamma_{12}(\tau)] \tag{9.10}$$

と書ける．また，シュワルツの不等式を用いると，

$$0 \leq |\gamma_{12}(\tau)| \leq 1 \tag{9.11}$$

であることが証明される．なお 2.2 節で述べたように，$|\gamma_{12}(\tau)| = 0$ の状態がインコヒーレント，$|\gamma_{12}(\tau)| = 1$ の状態がコヒーレントの状態に対応する．それ以外の状態は部分的コヒーレント状態である．

さて，$\gamma_{12}(\tau)$ は複素数であるので，これを

$$\gamma_{12}(\tau) = |\gamma_{12}(\tau)| \exp[i\phi_{12}(\tau)] \tag{9.12}$$

と書くことにする．このとき，式 (9.10) は，

$$I(\boldsymbol{r}') = I(\boldsymbol{r}_1) + I(\boldsymbol{r}_2) + 2\sqrt{I(\boldsymbol{r}_1)I(\boldsymbol{r}_2)}\,|\gamma_{12}(\tau)|\cos[\phi_{12}(\tau)] \tag{9.13}$$

と表すことができる．

干渉縞の可視度 V を式 (2.11)

$$V = \frac{I_{\max} - I_{\min}}{I_{\max} + I_{\min}} \tag{9.14}$$

と定義し，式 (9.13) を代入すると，

$$V = \frac{2\sqrt{I(\boldsymbol{r}_1)\cdot I(\boldsymbol{r}_2)}}{I(\boldsymbol{r}_1) + I(\boldsymbol{r}_2)}\,|\gamma_{12}(\tau)| \tag{9.15}$$

が得られる．これは式 (2.13) の正確な表現となっている．

9.2 時間的コヒーレンス

観測点 P_1 と P_2 が一致した場合，相互コヒーレンス関数 $\Gamma_{12}(\boldsymbol{r}_1, \boldsymbol{r}_2, \tau)$ は自己コヒーレンス関数（自己相関関数）$\Gamma_{11}(\boldsymbol{r}, \tau)$ になる．これは，同一地点にお

9.2 時間的コヒーレンス

ける異なる時刻に対する光波の相関で，時間差 τ のみの関数であるので，"時間的コヒーレンス"(temporal coherence) という．式 (9.5) を積分の形式で表すと次のようになる．

$$\Gamma_{11}(\tau) = \int_{-\infty}^{\infty} v(t+\tau)v^*(t)\,dt \tag{9.16}$$

ここで，$\Gamma_{11}(\tau)$ のフーリエ変換

$$\mathscr{F}[\Gamma_{11}(\tau)] = \int_{-\infty}^{\infty} \Gamma_{11}(\tau)\exp(-i2\pi\nu\tau)\,d\tau \tag{9.17}$$

を考えよう．上式に式 (9.16) を代入すると次式となる．

$$\begin{aligned}
\mathscr{F}[\Gamma_{11}(\tau)] &= \iint_{-\infty}^{\infty} v(t+\tau)v^*(t)\,dt \cdot \exp(-i2\pi\nu\tau)\,d\tau \\
&= \iint_{-\infty}^{\infty} v^*(t)\exp(i2\pi\nu t)\,dt \int_{-\infty}^{\infty} v(t+\tau)\exp[-i2\pi\nu(t+\tau)]\,d\tau \\
&= |F(\nu)|^2
\end{aligned} \tag{9.18}$$

ただし，

$$F(\nu) = \int_{-\infty}^{\infty} v(t)\exp(-i2\pi\nu t)\,dt \tag{9.19}$$

で，$F(\nu)$ は光波のスペクトルである．これから，自己相関関数のフーリエ変換はパワースペクトル $|F(\nu)|^2$ になることがわかる．これをウィナー-キンチン (Wiener-Khinchine) の定理という．

時間的コヒーレンスを測定するには，図 9.2 に示すようなマイケルソン型の

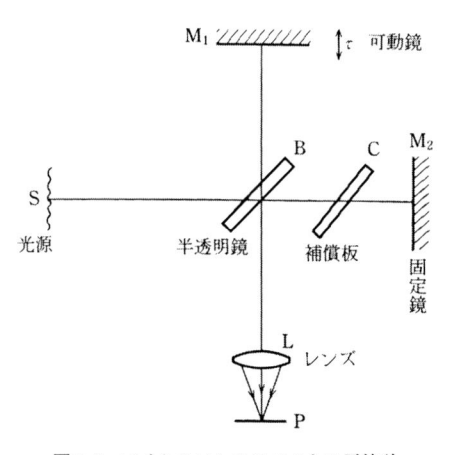

図 9.2 マイケルソンのスペクトル干渉計

干渉計が用いられる．光路差を変化させて，時間遅れ τ を変化させることができる．光路差を変化させながら得られた干渉縞の可視度 V を測定し，式 (9.15) より $\Gamma_{11}(\tau)$ の値を求め，これをフーリエ変換することによって，光源のスペクトル（パワースペクトル）が計算できる．これがマイケルソンのスペクトル干渉計の原理である[6]．

可視度 V がほぼ 0 になるまでの時間 τ を可干渉時間 Δt という．厳密には，

$$(\Delta t)^2 = \frac{\int_{-\infty}^{\infty} \tau^2 |\Gamma(\tau)|^2 d\tau}{\int_{-\infty}^{\infty} |\Gamma(\tau)|^2 d\tau} \tag{9.20}$$

で定義される．また，スペクトルの広がり $\Delta \nu$ も，パワースペクトル $G(\nu)$ を利用して，

$$(\Delta \nu)^2 = \frac{\int_{0}^{\infty} (\nu - \bar{\nu})^2 G(\nu)^2 d\nu}{\int_{0}^{\infty} G(\nu)^2 d\nu} \tag{9.21}$$

と定義する．ただし，$\bar{\nu}$ はスペクトルの中心周波数で

$$\bar{\nu} = \frac{\int_{0}^{\infty} \nu G(\nu)^2 d\nu}{\int_{0}^{\infty} G(\nu)^2 d\nu} \tag{9.22}$$

である．これより

$$\Delta t \cdot \Delta \nu > \frac{1}{2} \tag{9.23}$$

の関係を導くことができる．これは量子論の不確定性関係にほかならない．

9.3 空間的コヒーレンス

同じ時刻 ($\tau = 0$) における異なる 2 点 P_1 と P_2 での相関 $\gamma_{12}(0)$ を"空間的コヒーレンス"（spatial coherence）という．図 9.1 のような広がりのある光源の空間的コヒーレンスを求めてみよう．光源は準単色光であるが，熱光源のように，異なる点から発する光波は互いにインコヒーレントであるとする．準単色光であるので，光波は

9.3 空間的コヒーレンス

$$v(t) = a(t) \exp(-\mathrm{i}2\pi\bar{\nu}t) \tag{9.24}$$

と書ける．ただし，$\bar{\nu}$ は平均周波数である．光源を点光源と見なせるほどの小さな領域に分け，その m 番目の領域を $\mathrm{d}\sigma_m$ とする．その部分から P_1 と P_2 に到達する光波を，それぞれ $v_{m1}(t)$ と $v_{m2}(t)$ とする．このときの相互相関関数は，

$$\Gamma_{12}(\tau) = \langle \{\textstyle\sum_m v_{m1}(t+\tau)\}\{\textstyle\sum_n v_{n2}^*(t)\}\rangle \tag{9.25}$$

となる．ここで，$m \neq n$ からの寄与は 0 となるので，次の式が得られる．

$$\Gamma_{12}(\tau) = \sum_m \langle v_{m1}(t+\tau) v_{m2}^*(t)\rangle \tag{9.26}$$

各部分からの光波の回折を考えると，

$$v_{mj}(t) = a\!\left(t - \frac{r_{mj}}{c}\right)\frac{\exp[-\mathrm{i}2\pi\bar{\nu}(t - r_{mj}/c)]}{r_{mj}} \quad (j=1,2) \tag{9.27}$$

となるので，その時間的な平均値は次のようになる．

$$\langle v_{m1}(t+\tau) v_{m2}^*(t)\rangle$$
$$= \left\langle a\!\left(t+\tau - \frac{r_{m1}}{c}\right) a^*(t - r_{m2})\right\rangle \exp\!\left[\frac{\mathrm{i}2\pi\bar{\nu}(r_{m1}-r_{m2})}{c}\right] \!\Big/ r_{m1} r_{m2} \tag{9.28}$$

ここで，$\tau = 0$ における光源内の各点は互いにインコヒーレントであるので，

$$\left\langle a\!\left(t - \frac{r_{m1}}{c}\right) a^*(t - r_{m2})\right\rangle = I(\sigma)\,\mathrm{d}\sigma_m \tag{9.29}$$

と置き換えることができる．ただし，$I(\sigma)$ は光源上の単位面積当りの光強度である．したがって，

$$\Gamma_{12}(0) = \int_s I(\sigma)\frac{\exp[\mathrm{i}2\pi(r_1-r_2)/\bar{\lambda}]}{r_1 r_2}\mathrm{d}\sigma \tag{9.30}$$

ここに，$\bar{\lambda} = c/\bar{\nu}$ は平均波長である．

複素コヒーレンス度は次のように書ける．

$$\gamma_{12}(0) = \frac{1}{\sqrt{\Gamma_{11}(0)\Gamma_{22}(0)}}\int_s I(\sigma)\frac{\exp[\mathrm{i}2\pi(r_1-r_2)/\bar{\lambda}]}{r_1 r_2}\mathrm{d}\sigma \tag{9.31}$$

ここで，P_1 と P_2 の広がりと光源の大きさが，光源と複開口面までの距離に比較して十分小さい場合を考えてみよう．このとき，回折はフラウンホーファー回折と見なせるので，光源の座標系を (x, y) とすると，

$$\gamma_{12}(0) = \int_{-\infty}^{\infty} I(x, y) \exp[\mathrm{i}2\pi(x\nu_1 + y\nu_2)]\mathrm{d}x\mathrm{d}y \tag{9.32}$$

が得られた．ここでは，P_1 と P_2 の座標は (x_1', y_1') と (x_2', y_2') で，$r_1 = r_2 =$

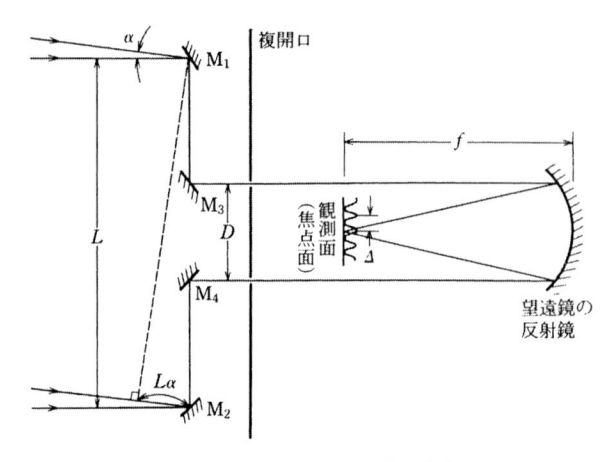

図 9.3 マイケルソンの天体干渉計
開口間隔を D, 反射鏡の焦点距離を f とすると, 観測面では $\Delta = \lambda f/D$ の間隔の干渉縞が得られる.

R とし,

$$\nu_1 = \frac{2\pi(x_1' - x_2')}{\lambda R} \tag{9.33}$$

$$\nu_2 = \frac{2\pi(y_1' - y_2')}{\lambda R} \tag{9.34}$$

とした.

複素コヒーレンス度は, 光源の強度分布のフーリエ変換であることがわかる. これを"ファンシッター–ツェルニケ (van Citter-Zernike) の定理"という. したがって, 空間コヒーレンス度を知れば光源の大きさがわかる. これがマイケルソンの天体干渉計の原理である[4,5]. マイケルソンは, 星は一様な強度分布をもつ円板であるとして, 図 9.3 の干渉計で L を変化させて $\gamma_{12}(0)$ を求め, これから星の視直径を測定した. この星の視直径を α とすると, コヒーレンス度は

$$\gamma_{12} = \frac{2J_1\left(\frac{\pi\alpha}{\lambda}L\right)}{\frac{\pi\alpha}{\lambda}L} \tag{9.35}$$

となる. L を大きくしてゆき, 最初に $\gamma_{12}=0$ となる L の値を L_0 とすると,

$$\frac{\pi \alpha L_0}{\bar{\lambda}} = 3.83 \tag{9.36}$$

が得られる．これより

$$\alpha = \frac{1.22\bar{\lambda}}{L_0} \tag{9.37}$$

となる．この原理で，オリオン座のベテルギウスの視直径を測定して 0.047 秒を得た．

9.4 フーリエ変換分光

マイケルソンのスペクトル干渉計では，光路長を変化させると干渉縞の可視度 V（時間的コヒーレンス）が変化することから，光波のスペクトル分布を得ていた．しかし，現在ではコンピュータの発達などにより，自動データ収集と処理が容易にできるようになったおかげで，より一般化された干渉分光法が利用されるようになった．これが"フーリエ変換分光法"（Fourier transform spectroscopy）と呼ばれるものである[6,7]．図 9.4(a) にフーリエ分光用干渉計の光学系を示す．いま，波数 σ[*1)] で強度 $B(\sigma)$ の光ビームが干渉したとすると，検出される光強度は，光路長を h とすると次式で示される．

$$I_\sigma(h) = 2B(\sigma)[1 + \cos(2\pi\sigma h)] \tag{9.38}$$

干渉計に入射する光は単色光ではなく多色光であり，したがって波数分布をもっているとする．狭い波数範囲 $\sigma + d\sigma$ の間では式 (9.38) が成立し，σ と $d\sigma$ の間の光ビーム強度を $B(\sigma)d\sigma$ とすると，その波数範囲の光ビームに対する干渉光強度は

$$dI_\sigma(h) = 2B(\sigma)[1 + \cos(2\pi\sigma h)]d\sigma \tag{9.39}$$

となる．$B(\sigma)$ は，波数 σ をもつ光波の強度で，スペクトル強度と呼ばれている．全体では次のようになる．

$$\begin{aligned} I(h) &= 2\int_0^\infty B(\sigma)[1 + \cos(2\pi\sigma h)]d\sigma \\ &= 2\int_0^\infty B(\sigma)d\sigma + 2\int_0^\infty B(\sigma)\cos(2\pi\sigma h)d\sigma \end{aligned} \tag{9.40}$$

[*1)] ここでいう波数 σ は"分光学的"波数で，$\sigma = 1/\lambda$ である．式 (1.13) 参照．

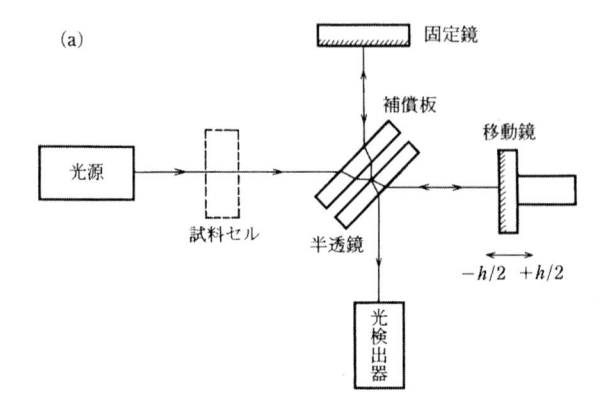

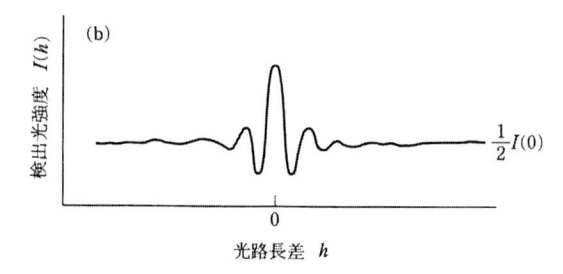

図9.4 フーリエ変換分光の光学系 (a) とインターフェログラム (b)

光路差 h に対する多色光干渉縞強度 $I(\sigma)$ は"インターフェログラム"(interferogram) と呼ばれている.いま,光路差がない ($h=0$) 場合には,

$$I(0) = 4\int_0^\infty B(\sigma)\,d\sigma \tag{9.41}$$

となるので,次式が得られる.

$$I(h) - \frac{I(0)}{2} = 2\int_0^\infty B(\sigma)\cos(2\pi\sigma h)\,d\sigma \tag{9.42}$$

したがって,

$$B(\sigma) = 2\int_0^\infty \left[I(h) - \frac{I(0)}{2}\right]\cos(2\pi\sigma h)\,dh \tag{9.43}$$

すなわち,バイアス成分を差し引いたインターフェログラムのフーリエ変換からスペクトル強度の分布が求まることがわかる.

図9.5にポリスチレンのインターフェログラム (a) とそのスペクル (b) を

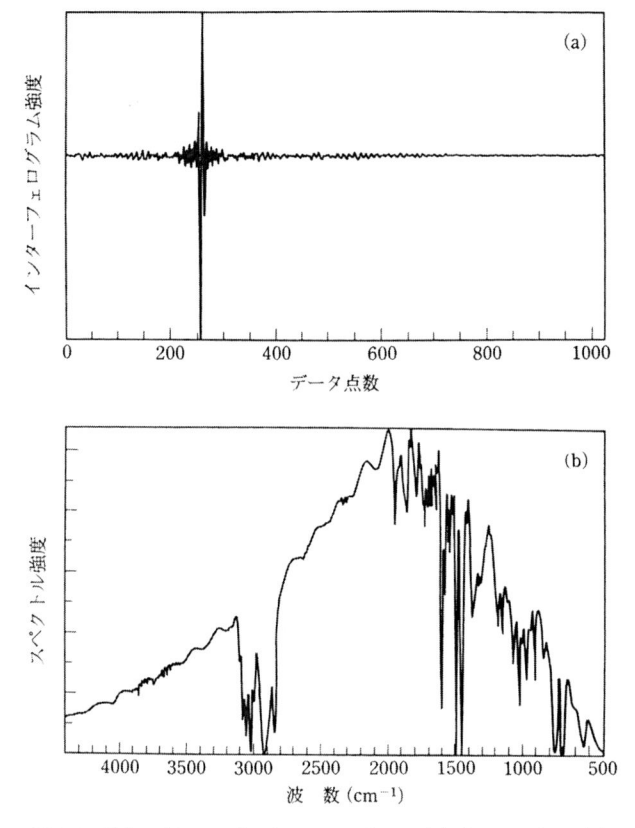

図 9.5 ポリスチレンのインターフェログラム (a) とスペクトル (b)

示す.

フーリエ分光器は，分散型の分光素子（プリズムや回折格子）を用いた分光器よりもはるかに入射光の利用率が高く，高い"光伝送能"(etandue) をもっている[*2]．強い光源が得にくく，効率の良い分散素子が得にくい遠赤外域では，フーリエ分光法は不可欠の測定手段となっている．

フーリエ変換分光器において，反射鏡の一方を微小角 α だけ傾けてみよう．このときの干渉縞強度は波数 σ の光波に対して，式 (9.38) と同様に次式で表される．

[*2] 光伝送能とは，分光器の明るさを表す指標の1つで，分光器の開口面積と受光立体角の積で定義され，分光装置の固有の量となる．

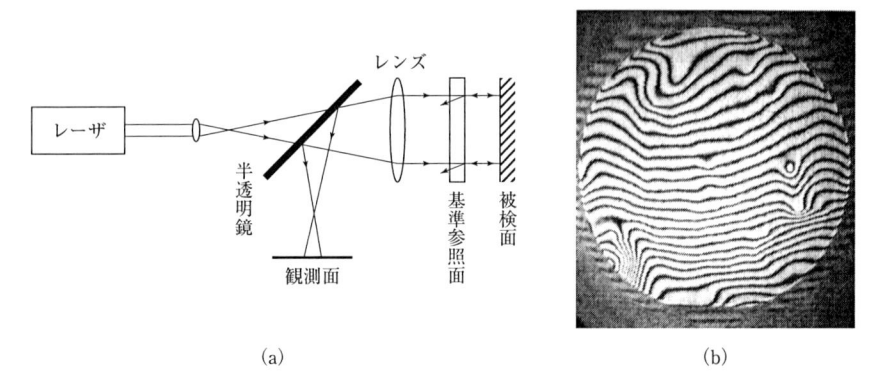

図9.6(a)のフィゾー干渉計とその干渉縞(b)の図。ラベル: レーザ、レンズ、半透明鏡、観測面、基準参照面、被検面。

図9.6 フィゾー干渉計 (a) とその干渉縞 (b)

$$I_\sigma(x) = 2B(\sigma)[1 + \cos(2\pi\sigma\alpha x)] \tag{9.44}$$

したがって，多色光源に対しては次のようになる．

$$I(x) = 2\int_0^\infty B(\sigma)[1 + \cos(2\pi\sigma\alpha x)]d\sigma \tag{9.45}$$

ここで，$I(x)$ は実空間座標 x の関数となっている．$I(x)$ は CCD などの光検出器アレイを用いても検出できるが，$I(x)$ を式 (9.43) と同様に空間変数 x に対してフーリエ変換すれば，スペクトル強度分布 $B(\sigma)$ が求まる[8]．この方法では，前法のような高い光の利用効率は得られないが，可動部分がまったくなくなるので，時間変化のあるスペクトル測定が可能となる．

9.5 位相シフト干渉法

干渉計は，光学部品の形状や収差の測定法として古くから利用されてきた．この目的で利用されている代表的な干渉計として，図9.6(a) に示すフィゾー干渉計がある．平行光を基準参照用の半透明鏡に当てて，一部を参照用の基準波面として利用し，他の一部を被検物体の照明光とするものである．被検面からの反射波面は，基準波面と干渉して，干渉縞をつくる．図9.6(b) は，このフィゾー型干渉計で得られたシリコンウェハー面の干渉縞である．使用波長は $\lambda = 0.63\,\mu\mathrm{m}$ であるので，干渉縞間隔は $\lambda/2 = 0.32\,\mu\mathrm{m}$ である[9~12]．

次に，フーリエ変換分光法のように干渉計の光路差を変化させてみよう．光

9.5 位相シフト干渉法

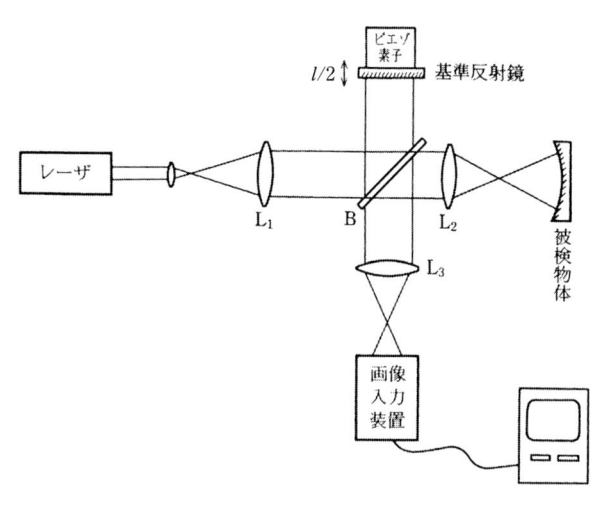

図 9.7 位相シフト干渉法

路差変化に対する干渉縞変化から位相を求める方法を位相シフト法あるいはフリンジスキャン法と呼ぶ[13～17]．簡単化のため，今度は図 9.7 のようなトワイマン-グリーン型の干渉計を考えよう．被検波面の形状を $h(x, y)$ とし，変化させる光路長を l としよう．このとき得られる干渉縞の強度分布は，

$$I(x, y, l) = a(x, y) + b(x, y) \cos\left\{\frac{2\pi}{\lambda}[h(x, y) - l]\right\} \quad (9.46)$$

のように書ける．ただし，$a(x, y)$ は干渉縞強度分布のバイアス成分，$b(x, y)$ は干渉縞のコントラスト変化を表す項である．$I(x, y, l)$ を既知として，$h(x, y)$ を求めればよいわけであるが，$a(x, y)$ も $b(x, y)$ も空間的に変化しているので，この影響を取り除く必要がある．式 (9.46) を変形して次のように書く．

$$\begin{aligned}I(x, y, l) =\ & a(x, y) \\ & + b(x, y) \cos\left\{\frac{2\pi}{\lambda}[h(x, y)]\right\} \cos \frac{2\pi l}{\lambda} \\ & + b(x, y) \sin\left\{\frac{2\pi}{\lambda}[h(x, y)]\right\} \sin \frac{2\pi l}{\lambda}\end{aligned} \quad (9.47)$$

これは l に関して周期関数になっているので，l に対してフーリエ変換する．

$$\hat{I}(x, y, \nu) = \mathscr{F}[I(x, y, l)]$$

$$
\begin{aligned}
= &\, a(x, y)\int_{-\infty}^{\infty} \exp\left(i\frac{2\pi l\nu}{\lambda}\right) dl \\
&+ b(x, y)\cos\left\{\frac{2\pi}{\lambda}[h(x, y)]\right\}\int_{-\infty}^{\infty} \cos\frac{2\pi l}{\lambda}\exp\left(i\frac{2\pi l\nu}{\lambda}\right) dl \\
&+ b(x, y)\sin\left\{\frac{2\pi}{\lambda}[h(x, y)]\right\}\int_{-\infty}^{\infty} \sin\frac{2\pi l}{\lambda}\exp\left(i\frac{2\pi l\nu}{\lambda}\right) dl \\
= &\, a(x, y)\delta(\nu) \\
&+ b(x, y)\cos\frac{2\pi}{\lambda}[h(x, y)]\frac{[\delta(\nu-l)+\delta(\nu+l)]}{2} \\
&+ ib(x, y)\sin\frac{2\pi}{\lambda}[h(x, y)]\frac{[\delta(\nu-l)-\delta(\nu+l)]}{2}
\end{aligned}
\tag{9.48}
$$

したがって，$\nu = l$ の成分（これはフーリエ級数の 1 次の項に対応している）を取り出すと，その実部と虚部はそれぞれ，

$$\text{Re}[\hat{I}(x, y, l)] = \frac{1}{2}b(x, y)\cos\left\{\frac{2\pi}{\lambda}[h(x, y)]\right\} \tag{9.49}$$

$$\text{Im}[\hat{I}(x, y, l)] = \frac{1}{2}b(x, y)\sin\left\{\frac{2\pi}{\lambda}[h(x, y)]\right\} \tag{9.50}$$

と書けるので，これから次の関係が得られる．

$$h(x, y) = \frac{\lambda}{2\pi}\tan^{-1}\frac{\text{Im}[\hat{I}(x, y, l)]}{\text{Re}[\hat{I}(x, y, l)]} \tag{9.51}$$

また，

$$\text{Re}[\hat{I}(x, y, l)] = \int_{-\infty}^{\infty} I(x, y, l)\cos\frac{2\pi l}{\lambda} dl \tag{9.52}$$

$$\text{Im}[\hat{I}(x, y, l)] = \int_{-\infty}^{\infty} I(x, y, l)\sin\frac{2\pi l}{\lambda} dl \tag{9.53}$$

となる．通常は，光路長 l を 0 から λ まで等間隔に N 段階に変化させることが多い．すなわち，

$$l_n = \frac{n}{N} \quad (n = 0, 1, \cdots, N-1) \tag{9.54}$$

このとき，$I(x, y, l)$ は l に対して周期 N の関数であるから，

$$\text{Re}[\hat{I}(x, y, l)] = \frac{2}{N}\sum_{n=0}^{N-1} I(x, y, l_n)\cos\frac{2\pi n}{N} \tag{9.55}$$

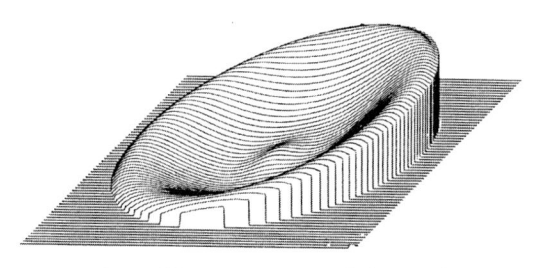

図 9.8 位相シフト干渉による非球面の測定

$$\mathrm{Im}[\hat{I}(x, y, l)] = \frac{N}{2}\sum_{n=0}^{N-1} I(x, y, l_n) \sin \frac{2\pi n}{N} \tag{9.56}$$

したがって，式（9.55）と式（9.56）を式（9.51）に代入すると，$h(x, y)$ は次のようになる．

$$h(x, y) = \frac{\lambda}{2\pi} \tan^{-1} \frac{\sum_{n=0}^{N-1} I(x, y, l_n) \sin(2\pi n/N)}{\sum_{n=0}^{N-1} I(x, y, l_n) \cos(2\pi n/N)} \tag{9.57}$$

実用上重要なのは $N=4$ の場合である．

$$h(x, y) = \frac{\lambda}{2\pi} \tan^{-1} \frac{I_1 - I_3}{I_0 - I_2} \tag{9.58}$$

波面形状を与える式（9.57）と式（9.58）とには，バイアス項 $a(x, y)$ とコントラスト項 $b(x, y)$ は直接的にはあらわれていない．このアルゴリズムでは，これらの影響が自動的にキャンセルされている．図 9.8 にこの方法による非球面の測定結果を示す．

次に，位相変化が十分細かく $l_n = n/N \ll 1$，しかも変化量も何十波長にわたる場合を考えてみよう[18)]．このときには，

$$\mathrm{Re}[\hat{I}(x, y, l)] = \int_{-\infty}^{\infty} I(x, y, l) \cos \frac{2\pi l}{\lambda} dl \tag{9.59}$$

$$\mathrm{Im}[\hat{I}(x, y, l)] = \int_{-\infty}^{\infty} I(x, y, l) \sin \frac{2\pi l}{\lambda} dl \tag{9.60}$$

となる．もちろん，この場合にも式（9.57）と類似な関係式が得られる．

$$h(x, y) = \frac{\lambda}{2\pi} \tan^{-1} \frac{\int_{-\infty}^{\infty} I(x, y, l) \sin(2\pi l/\lambda) dl}{\int_{-\infty}^{\infty} I(x, y, l) \cos(2\pi l/\lambda) dl} \tag{9.61}$$

9.6 フーリエ変換縞解析法

さて，ここでフーリエ変換分光法と同様に，参照鏡を微小角 α だけ傾けてみよう[19,20]．このとき，干渉縞の強度分布は次のようになる．

$$I(x, y) = a(x, y) + b(x, y) \cos \frac{2\pi}{\lambda}[h(x, y) - \alpha x] \tag{9.62}$$

干渉縞の強度分布には，周期 λ/α のキャリア（搬送波）成分が重なっている．これを空間座標に対してフーリエ変換する．

$$\mathscr{F}[I(x, y)] = A(\nu_x, \nu_y) + B\left(\nu_x - \frac{\alpha}{\lambda}, \nu_y\right) + B^*\left(\nu + \frac{\alpha}{\lambda}, \nu_y\right) \tag{9.63}$$

ただし，

$$A(\nu_x, \nu_y) = \mathscr{F}[a(x, y)] \tag{9.64}$$

$$B(\nu_x, \nu_y) = \mathscr{F}\left\{\frac{1}{2} b(x, y) \exp\left[i\frac{2\pi}{\lambda} h(x, y)\right]\right\} \tag{9.65}$$

図9.9(a) にキャリアを含む干渉縞の例を示す．これをフーリエ変換したものが (b) である．フーリエ変換の1次の成分をキャリア周波数分シフトさせて0周波数のところまで移動させ，これに窓関数 $w(x, y)$ を掛けて取りだし，再びフーリエ逆変換すると，

$$b(x, y) \exp\left[i\frac{2\pi}{\lambda} h(x, y)\right]$$

が得られる．この実部と虚部を，それぞれ $b_R(x, y)$, $b_I(x, y)$ とすると，

$$h(x, y) = \frac{\lambda}{2\pi} \tan^{-1} \frac{b_I(x, y)}{b_R(x, y)} \tag{9.66}$$

となり，(c) の形状分布が得られる．

ヤングの干渉縞のような等間隔で平行の干渉縞を考えよう．この場合には

$$I(x) = a(x) + b(x) \cos(2\pi\alpha x + \phi) \tag{9.67}$$

となる．ここで ϕ は干渉縞の位相である．前法では，この位相の空間分布が問題であったが，ここでは ϕ は空間的には一定である．ここでも式 (9.67) をフーリエ変換することにする．

9.7 ヒルベルト変換による縞解析

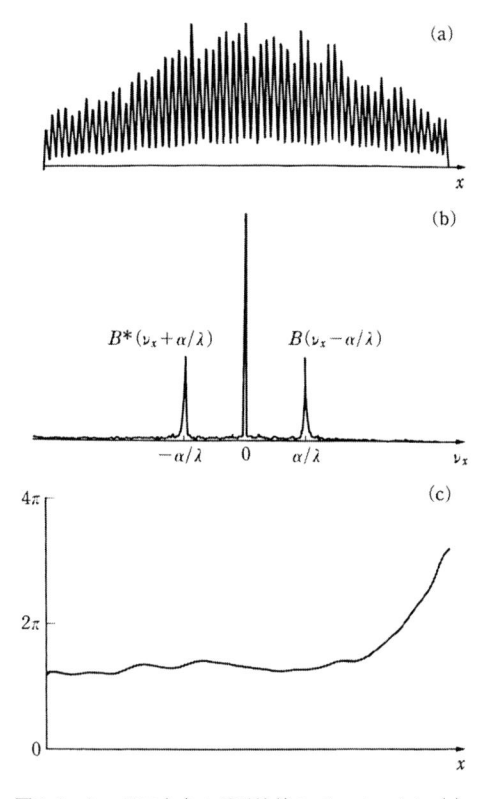

図 9.9 キャリアを含んだ干渉縞のプロファイル (a),そのフーリエ変換 (b),位相分布 (c)

$$\mathscr{F}[I(x)] = A(\nu) + \frac{1}{2}B(\nu-\alpha)\exp(\mathrm{i}\phi) + \frac{1}{2}B^*(\nu+\alpha)\exp(-\mathrm{i}\phi) \quad (9.68)$$

ただし,$A(\nu)$ と $B(\nu)$ は,それぞれ $a(x)$,$b(x)$ のフーリエ変換である.ここで,$b(x)$ がほぼ一定,もしくは左右対称であると,$B(\nu)$ は実関数になるので,1次ピークの位相から ϕ が決定できる[21].この方法は,干渉計の参照波の位相決定[22]やブロックゲージの絶対長の決定に利用されている.

9.7 ヒルベルト変換による縞解析

空間的なキャリア成分をもった干渉縞の強度分布は,式 (9.62) と同様に,

$$I(x) = a(x) + b(x)\cos[2\pi\nu_x x + \phi(x)] \tag{9.69}$$

のように書ける．フーリエ変換法によって位相分布 $\phi(x)$ を求める方法は，9.6 節で述べた．ここでは，ヒルベルト変換による方法を述べよう．まず，強度分布のバイアス成分 $b(x)$ を除去する．これには，強度分布の平均値を差し引くか，ハイパスフィルタを用いて低周波成分であるバイアス成分を除く．干渉縞の変動成分 $v(x) = b(x)\cos[2\pi\nu_x x + \phi(x)]$ を，式（8.25）に従ってヒルベルト変換を行い，直交成分 $\hat{v}(x) = b(x)\sin[2\pi\nu_x x + \phi(x)]$ を求める．したがって，求める位相は，式（8.29）より，

$$2\pi\nu_x x + \phi(x) = \tan^{-1}\frac{\hat{v}(x)}{v(x)} \tag{9.70}$$

この位相から，キャリアの周波数成分 $2\pi\nu_x x$ を差し引けば，求める位相 $\phi(x)$ が得られる．図 9.10 に，ヒルベルト変換による縞解析の例を示す．

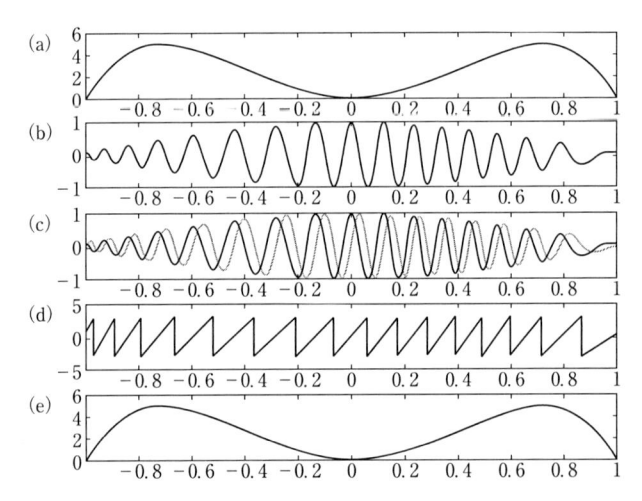

図 9.10 ヒルベルト変換を用いた縞解析．(a) 干渉縞の位相分布 ($\phi(x) = -10x^4 + 10x^2$)，(b) キャリアを含んだ干渉縞のプロファイル ($v(x) = b(x)\cos[2\pi\nu_x x + \phi(x)]$)（バイアス成分は除く），(c) 解析信号の同相成分 (b)（実線）とそのヒルベルト変換である直交成分 $\hat{v}(x) = b(x)\sin[2\pi\nu_x x + \phi(x)]$（点線），(d) 干渉縞の位相分布，(e) 位相アンラッピングの後，キャリア位相成分 ($2\pi\nu_x x$) を除いて得られる位相分布 $\phi(x)$.

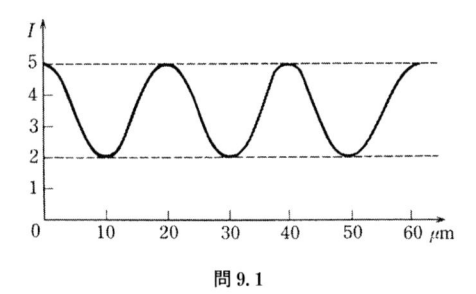

9.7 ヒルベルト変換による縞解析

問 9.1

問　題

9.1 波長 $\lambda = 0.633\ \mu m$ の2つの平面波が観測面に θ の角度で入射した場合に，問9.1図のような強度分布をもった干渉縞が得られた．このときの干渉縞の可視度およびコヒーレンス度を求めよ．ただし，2つの平面波の強度比は 2:1 である．

9.2 フーリエ分光法において，インターフェログラムを標本化した N 点のデータから直接スペクトルを計算すると，偽像ピークがスペクトルにあらわれることがある．その理由と対策について述べよ．

9.3 フーリエ分光法において，試料が分散的（屈折率が波長によって変わること）である場合，インターフェログラムにどのような影響を与えるか．

9.4 位相シフト干渉計において，光検出器が入力光強度に対して非線形に応答する場合の影響について論ぜよ．

9.5 位相シフト干渉計において，参照位相が正しく1波長分だけ変調されなかった場合に，求められた位相分布にはどのような誤差が，どの程度含まれるか検討せよ．

9.6 高い精度の位相測定法としてヘテロダイン干渉法が知られている．位相シフト干渉法との相違点と類似点を原理的観点から述べよ．

参 考 図 書

A. S. Marathay : Elements of Optical Coherence Theory, John Wiley & Sons, New York (1982).
J. W. Goodman : Statistical Optics, John Wiley & Sons, New York (1985), Chapter 5, 6.
櫛田孝司：量子光学，朝倉書店（1981），第3章．
平石次郎編：フーリエ変換赤外分光法，学会出版センター（1985）．

文　献

1) M. Born and E. Wolf : Principles of Optics, 6th ed., p. 491, Pergamon Press (1980).
2) J. W. Goodman : Statistical Optics, p. 157, John Wiley & Sons, New York (1985).
3) 黒田和男：光学, **14**, 393 (1985).
4) A. A. Michelson : Studies in Optics, p. 34, University of Chicago Press (1968).

5) A. A. Michelson: Studies in Optics, p. 111, University of Chicago Press (1968).
6) 南 茂夫：フーリエ分光法, 計測と制御, **13**, 272 (1974).
7) 大西孝治：フーリエ変換赤外分光法とその応用, 応用物理, **43**, 377 (1974).
8) T. Okamoto, S. Kawata and S. Minami: *Appl. Opt.*, **24**, 4221 (1985).
9) M. Francon: Optical Interferometry, Academic Press, Cambridge (1966).
10) W. H. Steel: Interferometry, Cambridge University Press, Cambridge (1983).
11) D. Malacara: Optical Shop Testing, John Wiley & Sons, New York (1978).
12) 谷田貝豊彦：精密機械, **47**, 1541 (1981).
13) J. H. Bruning, D. R. Herriott, J. E. Gallagher, D. P. Rosenfeld, A. D. White and D. J. Brangaccio: *Appl. Opt.*, **13**, 2693 (1974).
14) K. Creath: Progress in Optics (E. Wolf ed.), Vol. XXVI, p. 351, Amsterdam (1988).
15) J. Schwieder: Progrressin Optics (E. Wolf ed.), Vol. XXVIII, p. 273, Amsterdam (1990).
16) 谷田貝豊彦：*O plus E*, No. 48, 70 (1983).
17) 谷田貝豊彦：精密機械, **51**, 695 (1985).
18) 谷田貝豊彦：応用光学—光計測入門, p. 131, 丸善 (1989).
19) M. Takeda: *J. Opt. Soc. Amer.*, **72**, 156 (1982).
20) T. Yatagai: *Proc. SPIE*, **816**, 58 (1987).
21) G. M. Lai and T. Yatagai: *Appl. Opt*, **33**, 5935 (1994).
22) G. M. Lai and T. Yatagai: *J. Opt. Soc. Amer.*, **8**, 822 (1991).

問 題 解 答

第1章

1.1 略.

1.2 速度 $v = 4$ m/s,進行方向:z 方向,周期 $T = 0.03125$ s,波長 $\lambda = 0.125$ m,波数 $k = 50.24$ m^{-1}

1.3 $\nu = c/\lambda = 2.998 \times 10^8/0.6328 \times 10^{-6} = 4.7 \times 10^{14}$
$k = 2\pi/\lambda = 0.99 \times 10^6$ cm^{-1}

1.4 $t = 0$ の場合:下図参照.

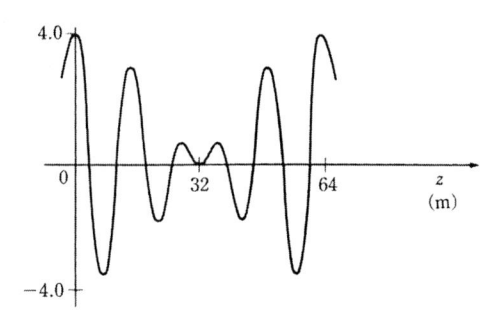

$t = 1$ の場合:略.

第2章

2.1 問1.4の答に示した図のように,うなり(ビート)の現象がおこる.

2.2 $u(\nu_x) = A' \int_{l/2-D/2}^{l/2+D/2} \exp(-\mathrm{i}2\pi x\nu_x)\,\mathrm{d}x + A' \int_{-l/2-D/2}^{-l/2+D/2} \exp(-\mathrm{i}2\pi x\nu_x)\,\mathrm{d}x$
$= 2A'D \operatorname{sinc}(D\nu_x) \cdot \cos(\pi l\nu_x)$

2.3 $u(w, \phi) = A' \int_{D_2/2}^{D_1/2} \int_0^{2\pi} \exp\left[-\mathrm{i}\frac{k}{R}\rho w \cos(\theta - \phi)\right] \rho\,\mathrm{d}\rho\,\mathrm{d}\theta$
$= A' \int_0^{D_1/2} \int_0^{2\pi} \exp\left[-\mathrm{i}\frac{k}{R}\rho w \cos(\theta)\right] \rho\,\mathrm{d}\rho\,\mathrm{d}\theta$

$$-A'\int_0^{D_2/2}\int_0^{2\pi}\exp\left[-\mathrm{i}\frac{k}{R}\rho w\cos(\theta)\right]\rho\mathrm{d}\rho\mathrm{d}\theta$$

$$=\pi A'\left[\left(\frac{D_1}{2}\right)^2\frac{2J_1\left(\frac{kD_1}{2R}w\right)}{\frac{kD_1}{2R}w}-\left(\frac{D_2}{2}\right)^2\frac{2J_1\left(\frac{kD_2}{2R}w\right)}{\frac{kD_2}{2R}w}\right]$$

2.4 (m,n) 番目の開口からの回折波は

$$u_{m,n}(\nu_x,\nu_y)=A'\int_{-\infty}^{\infty}f(x-ma,y-nb)\exp\left[-\mathrm{i}2\pi(x\nu_x+y\nu_y)\right]\mathrm{d}x\mathrm{d}y$$
$$=\exp\left[-\mathrm{i}2\pi(ma\nu_x+nb\nu_y)\right]\cdot F(\nu_x,\nu_y)$$

ただし,

$$F(\nu_x,\nu_y)=\int_{-\infty}^{\infty}f(x,y)\exp\left[-\mathrm{i}2\pi(x\nu_x+y\nu_y)\right]\mathrm{d}x\mathrm{d}y$$

これは単一の開口 $f(x,y)$ のフラウンホーファー回折パターンである.
$(2M+1)\times(2N+1)$ 個の開口に対する回折波の振幅は

$$u(\nu_x,\nu_y)=\sum_{n=-M}^{M}\sum_{n=-N}^{N}u_{m,n}(\nu_x,\nu_y)$$
$$=A'\frac{1-\exp\left[-\mathrm{i}2\pi(2M+1)a\nu_x\right]}{1-\exp(-\mathrm{i}2\pi a\nu_x)}$$
$$\times\frac{1-\exp\left[-\mathrm{i}2\pi(2\pi(2N+1)b\nu_y\right]}{1-\exp(-\mathrm{i}2\pi b\nu_y)}\times F(\nu_x,\nu_y)$$

その強度分布は

$$I(\nu_x,\nu_y)=A'^2\left[\frac{\sin\pi(2M+1)a\nu_x}{\sin\pi a\nu_x}\right]^2\cdot\left[\frac{\sin\pi(2N+1)b\nu_y}{\sin\pi b\nu_y}\right]^2\cdot|F(\nu_x,\nu_y)|^2$$

また,ランダム分布のとき

$$u_{m,n}(\nu_x,\nu_y)=\exp\left[-\mathrm{i}2\pi(r_m\nu_x+r_n\nu_y)\right]F(\nu_x,\nu_y)$$
$$I(\nu_x,\nu_y)=\left|\sum_{m=-M}^{M}\sum_{n=-N}^{N}\exp\left[-\mathrm{i}2\pi(r_m\nu_x+r_n\nu_y)\right]\right|^2|F(\nu_x,\nu_y)|^2$$
$$=\left[(2M+1)(2N+1)+\text{高次項}\right]\cdot|F(\nu_x,\nu_y)|^2$$

高次項は $(2M+1)(2N+1)$ に比べて小さいので,回折パターンは単一開口の回折パターンの強度分布 $|F(\nu_x,\nu_y)|^2$ に比例する.

第3章

3.1 $f(x)=\dfrac{2}{\pi}+\sum_{n=1}^{\infty}(-1)^{n+1}\dfrac{4}{(4n^2-1)\pi}\cos 2\pi nx$

3.2 $f(x)=\dfrac{1}{12}+\sum_{n=1}^{\infty}(-1)^n\dfrac{1}{n^2\pi^2}\cos(2\pi nx)$

3.3 (1) $\left(\dfrac{\pi}{2}\right)^{1/2}\dfrac{1+\mathrm{i}}{a}\exp\left[-\dfrac{\mathrm{i}(2\pi\nu)^2}{4a^2}\right]$

(2) $\dfrac{2a}{a^2+(2\pi\nu)^2}$

(3) $\dfrac{a}{a^2+4\pi^2(\nu-\nu_0)^2}+\dfrac{a}{a^2+4\pi^2(\nu+\nu_0)^2}$

3.4 (1) コンボリューション,相関とも

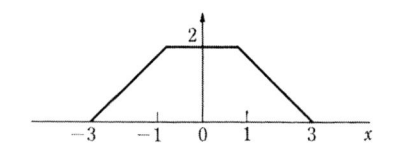

(台形: 頂点 $(-1,2),(1,2)$, 底辺 -3 から 3)

(2) コンボリューション,相関とも

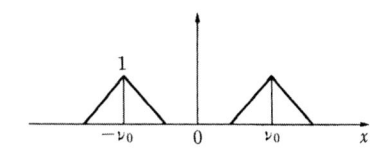

(三角形 2 つ: 中心 $-\nu_0$ と ν_0, 高さ 1)

(3) コンボリューション

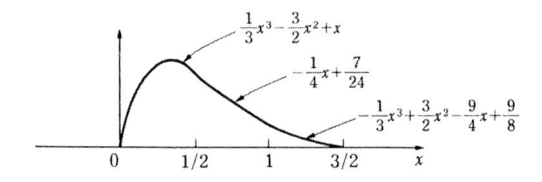

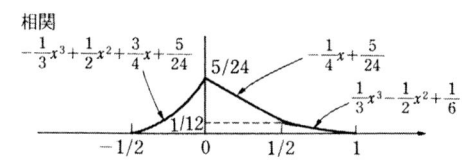

曲線の各部分:
- $\dfrac{1}{3}x^3-\dfrac{3}{2}x^2+x$
- $-\dfrac{1}{4}x+\dfrac{7}{24}$
- $-\dfrac{1}{3}x^3+\dfrac{3}{2}x^2-\dfrac{9}{4}x+\dfrac{9}{8}$

(区間 0, $1/2$, 1, $3/2$)

相関
- $-\dfrac{1}{3}x^3+\dfrac{1}{2}x^2+\dfrac{3}{4}x+\dfrac{5}{24}$
- $-\dfrac{1}{4}x+\dfrac{5}{24}$
- $\dfrac{1}{3}x^3-\dfrac{1}{2}x^2+\dfrac{1}{6}$

頂点 $5/24$, 点 $1/12$, 区間 $-1/2$, 0, $1/2$, 1

(4) コンボリューション,相関とも

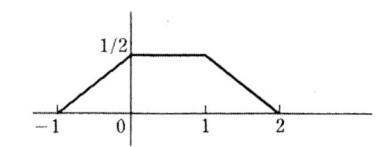

(台形: 高さ $1/2$, 頂点 $(0,1/2),(1,1/2)$, 底辺 -1 から 2)

3.5 略.

3.6 直接法:

$$\exp(-\alpha x^2) * \exp(-\beta x^2)$$
$$= \int_{-\infty}^{\infty} \exp[-\alpha x'^2 - \beta (x'-x)^2] \mathrm{d}x'$$
$$= \int_{-\infty}^{\infty} \exp\left[-(\alpha+\beta)\left(x' - \frac{\beta x'}{\alpha+\beta}\right)^2 + \frac{(\beta x)^2}{\alpha+\beta} - \beta x^2\right] x'$$
$$= \exp\left(-\frac{\alpha\beta}{\alpha+\beta}x^2\right) 2\int_{0}^{\infty} \exp[-(\alpha+\beta)x'^2] \mathrm{d}x'$$
$$= \sqrt{\frac{\pi}{\alpha+\beta}} \cdot \exp\left(-\frac{\alpha\beta}{\alpha+\beta}x^2\right)$$

フーリエ変換法：$\exp(-\alpha x^2) = \exp\left[-\pi\left(\sqrt{\frac{\alpha}{\pi}}x\right)^2\right]$ であるので,

$$\exp(-\alpha x^2) \iff \sqrt{\frac{\pi}{\alpha}} \exp\left[-\pi\left(\sqrt{\frac{\pi}{\alpha}}\nu\right)^2\right]$$
$$\exp(-\beta x^2) \iff \sqrt{\frac{\pi}{\beta}} \exp\left[-\pi\left(\sqrt{\frac{\pi}{\beta}}\nu\right)^2\right]$$
$$\mathscr{F}[\exp(-\alpha x^2) * \exp(-\beta x^2)] = \frac{\pi}{\sqrt{\alpha\beta}} \exp\left[-\pi\left(\sqrt{\frac{\pi(\alpha+\beta)}{\alpha\beta}}\nu\right)^2\right]$$

これを逆変換すると

$$\exp(-\alpha x^2) * \exp(-\beta x^2)$$
$$= \frac{\pi}{\sqrt{\alpha\beta}} \cdot \sqrt{\frac{\alpha\beta}{\pi(\alpha+\beta)}} \cdot \exp\left[-\pi\left(\sqrt{\frac{\alpha\beta}{\pi(\alpha+\beta)}}x\right)^2\right]$$
$$= \sqrt{\frac{\pi}{\alpha+\beta}} \exp\left(-\frac{\alpha\beta}{\alpha+\beta}x^2\right)$$

3.7 (1) $\int_{-\infty}^{\infty} f(x)\delta(x)\mathrm{d}x = f(0)$ である.
また,

$$\int f(x)\delta(ax)\mathrm{d}x = \int f\left(\frac{x}{a}\right)\delta(x)\frac{\mathrm{d}x}{|a|} = f(0)$$

でもあるので,

$$\delta(ax) = \frac{1}{|a|}\delta(x)$$

(2) 式 (3.82) より $T=1$ として

$$\mathrm{comb}(x) = 1 + 2\sum_{n=1}^{\infty} \cos(2\pi n x)$$
$$\mathscr{F}[\mathrm{comb}(x)] = \delta(\nu_x) + 2\sum_{n=1}^{\infty} \mathscr{F}[\cos(2\pi n x)]$$
$$= \delta(\nu_x) + \sum_{n=1}^{\infty} [\delta(\nu_x - n) + \delta(\nu_x + n)]$$

$$= \sum_{n=-\infty}^{\infty} \delta(\nu_x - n)$$
$$= \text{comb}(\nu_x)$$

(3) (1) と (2) を組み合わせれば明らかである.

3.8 (1) $\mathscr{F}[\exp(-|x|)] = \dfrac{2}{1+(2\pi\nu_x)^2}$ であるから,

$$\int_{-\infty}^{\infty} \exp(-2|x|)\,\mathrm{d}x = \int_{-\infty}^{\infty} \left[\dfrac{2}{1+(2\pi\nu_x)^2}\right]^2 \mathrm{d}\nu_x$$

$\int_{-\infty}^{\infty} \exp(-2|x|)\,\mathrm{d}x = 1$ より

$$\int_{-\infty}^{\infty} \dfrac{\mathrm{d}\nu_x}{(1+\nu_x^2)^2} = \dfrac{\pi}{2}$$

(2) $\mathscr{F}[\text{rect}(x)] = \text{sinc}(\nu_x)$

よって

$$\int_{-\infty}^{\infty} [\text{rect}(x)]^2 \mathrm{d}x = \int_{-\infty}^{\infty} \text{sinc}^2(\nu_x)\,\mathrm{d}\nu_x$$
$$\int_{-\infty}^{\infty} [\text{rect}(x)]^2 \mathrm{d}x = \int_{-1/2}^{1/2} \mathrm{d}x = 1$$
$$\int_{-\infty}^{\infty} \text{sinc}^2(\nu_x)\,\mathrm{d}x = 2\int_0^{\infty} \dfrac{\sin^2 \pi\nu_x}{\pi^2 \nu_x^2}\,\mathrm{d}x$$

よって

$$\int_0^{\infty} \dfrac{\sin^2 \pi\nu_x}{\pi^2 \nu_x^2}\,\mathrm{d}x = \dfrac{1}{2}$$

第 4 章

4.1 オーディオ機器の入出力応答, RC 回路の入出力応答, 近軸理論にもとづく結像光学系, 微小振幅の振動に対する構造物の振動応答など.

4.2 $\mathscr{F}[f(x)] = \left\{\delta(\nu_x) + \dfrac{1}{2}[\delta(\nu_x - \nu_1) + \delta(\nu_x + \nu_1)]\right\}$

$$* \left\{\delta(\nu_x) + \dfrac{1}{2}[\delta(\nu_x - \nu_2) + \delta(\nu_x + \nu_2)]\right\}$$

$$= \delta(\nu_x) + \dfrac{1}{2}[\delta(\nu_x - \nu_1) + \delta(\nu_x + \nu_1) + \delta(\nu_x - \nu_2) + \delta(\nu_x + \nu_2)]$$

$$+ \dfrac{1}{4}[\delta(\nu_x - \nu_1 - \nu_2) + \delta(\nu_x - \nu_1 + \nu_2) + \delta(\nu_x + \nu_1 - \nu_2) + \delta(\nu_x + \nu_1 + \nu_2)]$$

であるので, $\nu = 0, \pm \nu_1, \pm \nu_2, \nu_1 + \nu_2, \nu_1 - \nu_2, -\nu_1 + \nu_2, -(\nu_1 + \nu_2)$ で, 周波数応答が 1 であればよい.

第5章

5.1～5.6 略.

5.7 直接法：N^2，FFT法：$(2N \log N) \times 2 + N$

5.8 FFTのアルゴリズムでは複素数の数値に対して離散フーリエ変換するように構成されている．したがって，実数列のフーリエ変換には，虚数部をすべて0として複素数列にして計算をする．ここで，この虚数部を有効に利用すれば計算を効率化できる．

$f(n), g_1(m), g_2(m)$ のスペクトルをおのおの $F(l), G_1(k), G_2(k)$ とする．ただし，$l=0, 1, \cdots, N+1, k=0, 1, \cdots, N/2-1$.

$$F(l) = \sum_{n=0}^{N-1} f(n) \exp\left(-\frac{i2\pi nl}{N}\right)$$

$$= \sum_{m=0}^{N/2-1} \left\{ f(2m) \exp\left(-\frac{i4\pi ml}{N}\right) + f(2m+1) \exp\left[-\frac{i2\pi(2m+1)l}{N}\right] \right\}$$

$$= G_1(k) + \exp\left(-\frac{i2\pi l}{N}\right) G_2(k)$$

したがって，$g_1(m), g_2(m)$ のフーリエ変換をして，上式により $F(l)$ を求めればよい．

また，2つの実数列 $g_1(n), g_2(n)$ $(n=0, 1, \cdots, N-1)$ が与えられたとき，これをそれぞれ実数部と虚数部とする複素データ列

$$h(n) = g_1(n) + ig_2(n)$$

をつくる．これをフーリエ変換して

$$H(l) = H_r(l) + iH_i(l)$$

とする．ただし，$H_r(l), H_i(l)$ は $H(l)$ の実数部と虚数部である．このとき

$$G_1(l) = \frac{H_r(l)}{2} + \frac{H_r(N-l)}{2} + i\left[\frac{H_i(l)}{2} - \frac{H_i(N-n)}{2}\right]$$

$$G_2(l) = \frac{H_i(l)}{2} + \frac{H_i(N-l)}{2} + i\left[\frac{H_r(l)}{2} - \frac{H_r(N-n)}{2}\right]$$

である〔安居院猛，中嶋正之：FFTの使い方，秋葉出版，p.130（1981）参照〕．

第6章

6.1

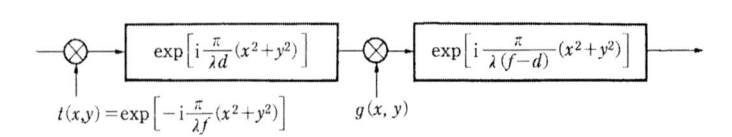

$$t(x,y) = \exp\left[-i\frac{\pi}{\lambda f}(x^2+y^2)\right] \to \otimes \to \exp\left[i\frac{\pi}{\lambda d}(x^2+y^2)\right] \to \otimes \to \exp\left[i\frac{\pi}{\lambda(f-d)}(x^2+y^2)\right] \to g(x,y)$$

$$h(x,y) = \left[\left\{\exp\left[-i\frac{\pi}{\lambda f}(x^2+y^2)\right] * \exp\left[i\frac{\pi}{\lambda d}(x^2+y^2)\right]\right\} g(x,y)\right]$$
$$* \exp\left[i\frac{\pi}{\lambda(f-d)}(x^2+y^2)\right]$$

$$= \left[\iint \exp\left[-i\frac{\pi}{\lambda f}(x_1^2+y_1^2)\right] \exp\left\{i\frac{\pi}{\lambda d}[(x-x_1)^2+(y-y_1)^2]\right\}\right.$$
$$\left. \times g(x,y)\right] * \exp\left[i\frac{\pi}{\lambda(f-d)}(x^2+y^2)\right]$$

$$= \left\{\exp\left[-i\frac{\pi}{\lambda d}(x^2+y^2)\right] g(x,y) \iint \exp\left[-i\frac{\pi}{\lambda}\left(\frac{1}{f}-\frac{1}{d}\right)(x_1^2+y_1^2)\right]\right.$$
$$\left. \times \exp\left[-\frac{2\pi}{\lambda d}(xx_1+yy_1)\right] dx_1 dy_1\right\} * \exp\left[i\frac{\pi}{\lambda(f-d)}(x^2+y^2)\right]$$

$$= \left\{\exp\left[i\frac{\pi}{\lambda d}(x^2+y^2)\right] g(x,y) \cdot i\frac{\lambda fd}{f-d} \times \exp\left[-i\frac{\pi f}{\lambda d(f-d)}(x^2+y^2)\right]\right\}$$
$$* \exp\left[i\frac{\pi}{\lambda(f-d)}(x^2+y^2)\right]$$

$$= i\frac{\lambda fd}{f-d}\left\{\exp\left[-i\frac{\pi}{\lambda(f-d)}(x^2+y^2)\right] g(x,y)\right\}$$
$$* \exp\left[i\frac{\pi}{\lambda(f-d)}(x^2+y^2)\right]$$

$$= i\frac{\lambda fd}{f-d}\iint g(x_1,y_1) \exp\left[-i\frac{\pi}{\lambda(f-d)}(x_1^2+y_1^2)\right]$$
$$\times \exp\left\{i\frac{\pi}{\lambda(f-d)}[(x-x_1)^2+(y-y_1)^2]\right\} dx_1 dy_1$$

$$= i\frac{\lambda fd}{f-d}\exp\left[i\frac{\pi}{\lambda(f-d)}(x^2+y^2)\right]\iint g(x_1,y_1)$$
$$\times \exp\left[-i\frac{2\pi}{\lambda(f-d)}(xx_1+yy_1)\right] dx_1 dy_1$$

$$= i\frac{\lambda fd}{f-d}\exp\left[i\frac{\pi}{\lambda(f-d)}(x^2+y^2)\right] G\left[\frac{x}{\lambda(f-d)}, \frac{y}{\lambda(f-d)}\right]$$

6.2

$g(x,y)$ → $\boxed{\exp\left[i\frac{\pi}{\lambda 2f}(x^2+y^2)\right]}$ → ⊗ → $\boxed{\exp\left[i\frac{\pi}{\lambda d}(x^2+y^2)\right]}$ →

$\exp\left[-i\frac{\pi}{\lambda f}(x^2+y^2)\right]$

$$h(x,y) = \iiiint g(x_1,y_1) \exp\left[i\frac{\pi}{2\lambda f}(x_2-x_1)^2+(y_2-y_1)^2\right]$$

$$\times \exp\left[-\mathrm{i}\frac{\pi}{\lambda f}(x_2{}^2 + y_2{}^2)\right] \times \exp\left[\mathrm{i}\frac{\pi}{\lambda d}(x - x_2)^2 + (y - y_2)^2\right] \mathrm{d}x_1 \mathrm{d}y_1 \mathrm{d}x_2 \mathrm{d}y_2$$

$$= \iiiint g(x_1, y_1) \exp\left\{\mathrm{i}\frac{\pi}{2\lambda f}\left[\frac{2f-d}{d}(x_2{}^2 + y_2{}^2) - 2\left(x_1 + \frac{2f}{d}x\right)x_2\right.\right.$$
$$\left.\left. - 2\left(y_1 + \frac{2f}{d}y\right)y_2 + x_1{}^2 + y_1{}^2 + \frac{2f}{d}(x^2 + y^2)\right]\right\} \mathrm{d}x_1 \mathrm{d}y_1 \mathrm{d}x_2 \mathrm{d}y_2$$

ここで $2f = d$ ならば,

$$= \iiiint g(x_1, y_1) \exp\left[\mathrm{i}\frac{\pi}{2\lambda f}\{[-2(x_1 + x)x_2 - 2(y_1 + y)y_2\right.$$
$$\left. + x_1{}^2 + y_1{}^2 + x^2 + y^2]\}\right] \mathrm{d}x_1 \mathrm{d}y_1 \mathrm{d}x_2 \mathrm{d}y_2$$

$$= \iint g(x_1, y_1) \delta(x_1 + x, y_1 + y) \exp\left[\frac{\mathrm{i}\pi}{2\lambda f}(x_1{}^2 + y_1{}^2 + x^2 + y^2)\right] \mathrm{d}x_1 \mathrm{d}y_1$$

$$= g(-x, -y) \cdot \exp\left\{\mathrm{i}\frac{\pi}{\lambda f}(x^2 + y^2)\right\}$$

結像位置はレンズ後方 $2f$, 倍率は -1 (等倍倒立).

6.3 (1) 合成の特性は

$$\exp\left[-\mathrm{i}\frac{\pi}{\lambda f_1}(x^2 + y^2)\right] \exp\left[-\mathrm{i}\frac{\pi}{\lambda f_2}(x^2 + y^2)\right]$$
$$= \exp\left[-\mathrm{i}\frac{\pi}{\lambda} \cdot \frac{f_1 + f_2}{f_1 f_2}(x^2 + y^2)\right]$$

よって合成の焦点距離 f は

$$\frac{1}{f} = \frac{f_1 + f_2}{f_1 f_2} = \frac{1}{f_1} + \frac{1}{f_2}$$

(2) $\left\{\exp\left[-\mathrm{i}\frac{\pi}{\lambda f_1}(x^2 + y^2)\right] * \exp\left[\mathrm{i}\frac{\pi}{\lambda d}(x^2 + y^2)\right]\right\} \times \exp\left[-\mathrm{i}\frac{\pi}{\lambda f_2}(x^2 + y^2)\right]$

$$= \iint \exp\left[-\mathrm{i}\frac{\pi}{\lambda f_1}(x_1{}^2 + y_1{}^2)\right] \exp\left\{\mathrm{i}\frac{\pi}{\lambda d}[(x - x_2)^2 + (y - y_2)^2]\right\} \mathrm{d}x_1 \mathrm{d}y_1$$
$$\times \exp\left[-\mathrm{i}\frac{\pi}{\lambda f_2}(x^2 + y^2)\right]$$

$$= \iint \exp\left\{-\mathrm{i}\frac{\pi}{\lambda f_1}\left(\frac{d - f_1}{d}\right)\left[\left(x_1 + \frac{f_1 x}{d - f_1}\right)^2 + y_1 + \left(\frac{f_1 y}{d - f_1}\right)^2\right]\right.$$
$$\left. - \mathrm{i}\frac{\pi(x^2 + y^2)}{(d - f_1)\lambda}\right\} \mathrm{d}x_1 \mathrm{d}y_1 \times \exp\left[-\mathrm{i}\frac{\pi}{\lambda f_2}(x^2 + y^2)\right]$$

$$\propto \exp\left[-\mathrm{i}\frac{\pi}{\lambda}(x^2 + y^2)\left(\frac{1}{f_2} + \frac{1}{d - f_1}\right)\right]$$

6.4 略.

6.5 図のようにレンズの第1表面の曲率半径を R_1, 第2表面の曲率半径を R_2 とし

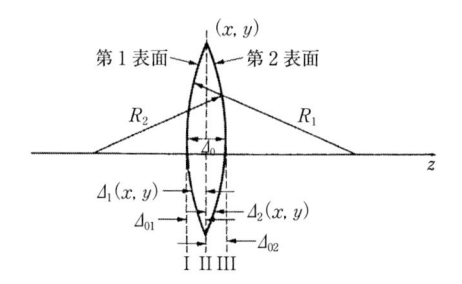

よう. レンズの肉厚を $\Delta(x, y)$ とする. レンズを透過することによる位相変化は

$$\phi(x, y) = \frac{2\pi}{\lambda} n \Delta(x, y) + \frac{2\pi}{\lambda} [\Delta_0 - \Delta(x, y)] = \frac{2\pi}{\lambda} \Delta_0 + \frac{2\pi}{\lambda} (n-1) \Delta(x, y)$$

である. ただし Δ_0 はレンズ中心部の肉厚で, I 面と III 面間の距離である.

次にレンズを前面部と後面部の 2 つに分け, 分割面 II から第 1 表面までの距離を Δ_{01}, 第 2 表面までの距離を Δ_{02} とする. 当然 $\Delta_0 = \Delta_{01} + \Delta_{02}$ である. 図のようにレンズ第 1 表面から分割面までの距離を $\Delta_1(x, y)$, また分割面からレンズ第 2 表面までの距離を $\Delta_2(x, y)$ とする. したがって $\Delta(x, y) = \Delta_1(x, y) + \Delta_2(x, y)$ である.

幾何学的関係から

$$\Delta_1(x, y) = \Delta_{01} - (R_1 - \sqrt{R_1^2 - x^2 - y^2})$$
$$\simeq \Delta_{01} - \frac{x^2 + y^2}{2R_1}$$
$$\Delta_2(x, y) \simeq \Delta_{02} + \frac{x^2 + y^2}{2R_2}$$

よって

$$\Delta(x, y) = \Delta_0 - \frac{x^2 + y^2}{2}\left(\frac{1}{R_1} - \frac{1}{R_2}\right)$$

したがって, レンズの透過率は

$$t(x, y) = \exp\left(i\frac{2\pi}{\lambda} n \Delta_0\right) \exp\left[-i\frac{2\pi}{\lambda}(n-1)\left(\frac{1}{R_1} - \frac{1}{R_2}\right)\frac{x^2 + y^2}{2}\right]$$
$$= \exp\left(i\frac{2\pi}{\lambda} n \Delta_0\right) \exp\left[-i\frac{\pi}{\lambda f}(x^2 + y^2)\right]$$

ただし,

$$\frac{1}{f} = (n-1)\left(\frac{1}{R_1} - \frac{1}{R_2}\right)$$

通常はレンズの厚さ Δ_0 による位相変化を無視するので式 (6.13) を得る.

6.6 図のように y の高さの所の半径を r' とすると, その高さにおける円錐面の形は

$$z(x, y) = \sqrt{r'^2 - x^2} - a \fallingdotseq r' - \frac{x^2}{2r'} - a$$

また $r' = (1 - y/h)r$ であるので

$$z(x, y) = \left(1 - \frac{y}{h}\right)r - \frac{x^2}{2(1-y/h)r} - a$$

したがって位相は

$$\phi(x, y) = \frac{2\pi}{\lambda}(r - a) + \frac{2\pi}{\lambda}(n-1)z(x, y)$$

$$= \frac{2\pi}{\lambda}n(r-a) - \frac{2\pi}{\lambda}(n-1)\frac{y}{h}r - \frac{\pi}{\lambda}(n-1)\frac{x^2}{(1-y/h)r}$$

よって

$$t(x, y) = \exp\left[-\frac{2\pi}{\lambda}(n-1)\frac{y}{h}r - \frac{\pi}{\lambda} \cdot \frac{x^2}{f(y)}\right]$$

ただし，このレンズの焦点距離は

$$f(y) = \frac{(1 - y/h)r}{n - 1}$$

6.7 コヒーレント結像の場合には，OTF は瞳関数そのものになる．インコヒーレント結像の場合には，瞳関数の自己相関関数になる（図参照）．

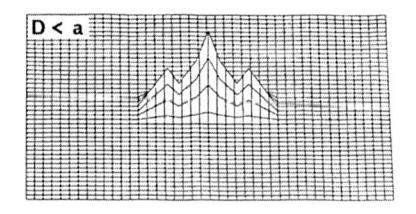

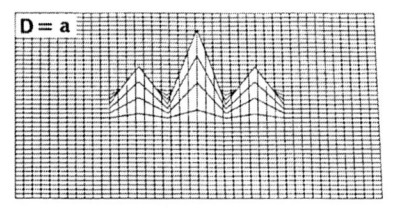

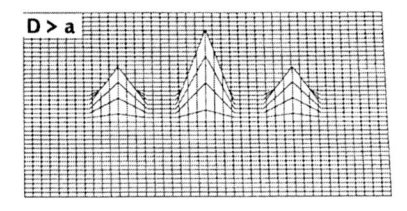

(a)

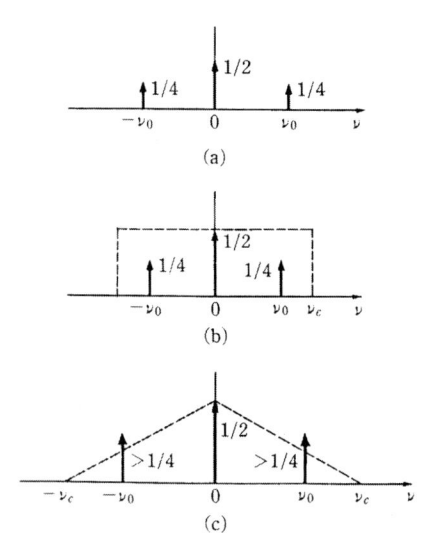

(b)

(c)

6.8 物体のスペクトルは図 (a) のようになるので,コヒーレント結像の場合 (b) にはカットオフ周波数 ν_c が $\nu_c > \nu_0$ なら,物体スペクトルはこの光学系を減衰を受けずに透過するので,完全像が得られる.

インコヒーレント結像の場合 (c) には,$\nu_c \geqq 2\nu_0$ のとき完全像が得られ,$2\nu_0 > \nu_c \geqq \nu_0$ のとき ν_c のスペクトルは減衰を受け,像のコントラストは低下する.$\nu_0 > \nu_c$ の場合には像は得られない.

第7章

7.1 パターン $f(x, y)$ と $g(x, y)$ のスペクトルをそれぞれ $F(\nu_x, \nu_y)$, $G(\nu_x, \nu_y)$ とする.コード変換フィルタは

$$\frac{G(\nu_x, \nu_y)}{F(\nu_x, \nu_y)}$$

7.2 ホログラムは,被写体から回折された波面(物体光)と参照光とを干渉させて,物体光の複素振幅分布を記録する方法である.物体光の複素振幅分布を記録できることは,波面の振幅情報と位相情報の両方を記録することができることである.ホログラフィはいわば完全な写真法といえる.一方,通常の写真は被写体の強度情報を記録しているので,位相情報が失われている.ホログラフィの特徴は,この位相情報の記録可能性につきる.位相情報が記録可能であるため,物体波の完全な再生が可能になり,立体像の記録および表示ができるようになった.また,従来干渉計測の対象は鏡面に限られていたが,ホログラフィを用いれば粗面物体の干渉も可能となる.これは,はじめに粗面物体をホログラ

ムに記録し，次に，その物体を変形あるいは変位させて，これとホログラムに記録した波面とを干渉させるものである．こうすると物体の変形・変位の状態が干渉縞として観測できる．この方法の発展として，物体の振動を測定する方法も開発されている．

　ホログラムは，立体像の記録表示，物体の変形，振動，形状の測定，本文で述べた複素フィルタとしての利用などのほか，新しい光学素子としての利用も忘れてはならない．たとえば，球面波と平面波を干渉させてつくったホログラムに平面波を当てると，回折波の1つは収束球面波になるので，これは一種のレンズ作用をもつことがわかる．このホログラムに細いレーザビームを当て，ホログラムを横移動させると，回折レーザビームの回折角が変化し，その結果レーザビームは走査されることになる．これがホログラフィックスキャナの原理である．また，ホログラムの回折作用を利用したホログラフィック回折格子もある．

7.3 計算機ホログラムを用いれば，架空の物体の再生表示，製作困難な理想形状波面の発生などができる．具体的には次のような応用がある．

(1) 架空立体像の表示：コンピュータグラフィックスなどやシミュレーション結果などの表示．CADや設計データの3次元表示．自動車クレイモデルの立体表示．

(2) 干渉原器：非球面レンズや鏡の理想形状に対応した波面を発生させ，これを実際の製作された光学素子がつくる波面との干渉縞から光学素子の製作誤差を測定するもの．

(3) ホログラム素子：レーザなどのガウスビームを平面波に変換する素子．収差の補正素子．複雑なパターンの走査ができるホログラフィックスキャナ．光インターコネクション用光学素子．

(4) 複素空フィルタ：本文で説明．

7.4 回転不変の変換は，直交座標系を極座標系に変換するもの：
$$(x, y) \to (r, \theta)$$
回転不変と倍率不変を同時に満足するには $(x, y) \to (\ln r, -\theta)$ の変換を行うもの；
$$\phi(x, y) = -x\left(1 - \frac{1}{2}\right)\ln(x^2 + y^2) - y \tan^{-1}\frac{y}{x}$$
Y. Saito et al.: *Opt. Commun.*, **47**, 8 (1983) 参照．

第8章

8.1 $v(t)$ と $\hat{v}(t)$ のフーリエ変換をそれぞれ $V(\nu)$ と $\hat{V}(\nu)$ とする．
$$\hat{V}(\nu) = -i\,\mathrm{sgn}(\nu)\,V(\nu)$$

の関係があるので，$\hat{v}(t)$ のヒルベルト変換 $\hat{\hat{v}}(t)$ のフーリエ変換は
$$-\mathrm{i}\,\mathrm{sgn}(\nu)\,\hat{V}(\nu) = -\mathrm{i}\,\mathrm{sgn}(\nu)\cdot[-\mathrm{i}\,\mathrm{sgn}\,V(\nu)] = -V(\nu)$$
したがって，
$$\hat{\hat{v}}(t) = -v(t)$$

8.2 $v(t) = m(t)\cos(2\pi\nu_0 t)$ のフーリエ変換は，
$$V(\nu) = M(\nu) * \frac{\delta(\nu-\nu_0) + \delta(\nu+\nu_0)}{2}$$
この信号のヒルベルト変換のフーリエ変換は，
$$\hat{V}(\nu) = -\mathrm{i}\,\mathrm{sgn}(\nu)\cdot M(\nu) * \frac{\delta(\nu-\nu_0) + \delta(\nu+\nu_0)}{2}$$
$$= -\mathrm{i}\,\mathrm{sgn}(\nu)\left(\frac{M(\nu-\nu_0)}{2} + \frac{M(\nu+\nu_0)}{2}\right)$$
$$= \frac{-\mathrm{i}\,M(\nu-\nu_0)}{2} + \frac{\mathrm{i}\,M(\nu+\nu_0)}{2}$$
$$= \frac{M(\nu-\nu_0) - M(\nu+\nu_0)}{2\mathrm{i}} = M(\nu) * \frac{\delta(\nu-\nu_0) - \delta(\nu+\nu_0)}{2\mathrm{i}}$$
これをフーリエ逆変換すると，
$$\hat{v}(t) = m(t)\sin(2\pi\nu_0 t)$$

8.3 $v(t)$ と $\hat{v}(t)$ のフーリエ変換をそれぞれ $V(\nu)$ と $\hat{V}(\nu)$ とする．
$$\hat{V}(\nu) = -\mathrm{i}\,\mathrm{sgn}\,V(\nu)$$
の関係があるので，$V(\nu)$ と $\hat{V}(\nu)$ は互いに位相分布が違うだけであるので，$|\hat{V}(\nu)|^2 = |V(\nu)|^2$ であるので，両者のパワースペクトルは等しい．

8.4 信号 $v(t) = m(t)\cos(2\pi\mu_0 t)$ のヒルベルト変換は $\hat{v}(t) = m(t)\sin(2\pi\mu_0 t)$ であるので，信号 $v(t)$ の解析信号は，
$$z(t) = v(t) + \mathrm{i}\hat{v}(t)$$
で与えられる．したがって
$$z(t) = m(t)\cos(2\pi\nu_0 t) + \mathrm{i}m(t)\sin(2\pi\nu_0 t)$$
$$= m(t)\exp(\mathrm{i}2\pi\nu_0 t)$$
となる．解析信号の絶対値をとれば，$|z(t)| = |m(t)|$ となり，信号 $m(t)$ が得られる．一般に変調された信号から元の信号をとりだすことを復調という．振幅変調された信号の復調は，その信号の解析信号の絶対値をとればよい．

また，解析信号の位相は，
$$\phi_z(t) = \frac{\hat{v}(t)}{v(t)}$$
で与えられ，瞬時位相と呼ばれる．瞬時位相の時間微分
$$2\pi\nu_z = \frac{\mathrm{d}\phi_z(t)}{\mathrm{d}(t)}$$

は，瞬時周波数 ν_z を与える．

第 9 章

9.1 $V = \dfrac{5-2}{5+2} = \dfrac{3}{7}$

$V = \dfrac{2\sqrt{I_1 I_2}}{I_1 + I_2}|\gamma_{12}|$ より $\dfrac{3}{7} = \dfrac{2\sqrt{2\times 1}}{2+1}|\gamma_{12}|$

$\gamma_{12} = 0.46$

9.2 エリアジング誤差，標本化定理を満足するよう十分な数の標本点をとる．

9.3 分散性媒質の厚さを d とすると

$$\phi(\sigma) = 2\pi\sigma d[n(\sigma) - 1]$$

の位相変化を受ける．したがってインターフェログラムは

$$I(h) = 2\int_0^\infty B(\sigma)\cos[2\pi\sigma h + \phi(\sigma)]d\sigma$$

のようになり，各波数 σ に対する干渉縞 $I_\sigma(h)$ は $\phi(\sigma)$ にしたがって横ずれを受け，インターフェログラムの h に対する対称性が失われる．

9.4 $I(x, y, l)$ は，l の変化に対して，$\cos(2\pi l/\lambda)$, $\sin(2\pi l/\lambda)$ の高次の項 $\cos(2\pi n l/\lambda)$, $\sin(2\pi n l/\lambda)$ を含むようになる．したがって式 (9.51) を使用できなくなる．計算された位相分布には高次の項の影響が入り，高い周波数の振動成分があらわれる．

9.5 略．

K. Creath：Progress in Optics (E. Wolf ed.), Vol. XXVI, p.351, Amsterdam (1988) 参照．

9.6 ヘテロダイン干渉法は，互いに接近した 2 つの周波数 ν_1, ν_2 のビート信号の位相 $\phi(x, y)$ を測定するもので，干渉縞強度分布は，

$$I(x, y, t) = a(x, y) + b(x, y)\cos[\phi(x, y) - 2\pi(\nu_1 - \nu_2)t]$$

のように書ける．一方位相シフト干渉法は，式 (9.46) より

$$I(x, y, l) = a(x, y) + b(x, y)\cos\left[\phi(x, y) - 2\pi\dfrac{l}{\lambda}\right]$$

と書ける．ヘテロダイン干渉では干渉縞の位相が時間的に

$$\theta = -2\pi(\nu_1 - \nu_2)t$$

と変調され，位相シフト干渉の場合には

$$\theta = -2\pi\dfrac{l}{\lambda}$$

と変調される．このように外部変調位相 θ によって干渉縞が変調を受けている点では両者はまったく同一であるといえる．

なお，式 (9.62) の場合には

$$\theta = -\alpha x$$
となり，この場合には空間的に位相を変調していることになる．

索　引

ア　行

アポディゼーション　111

位相　4
位相コントラストフィルタ　111
位相差　17
位相シフト干渉法　123, 158
一般化ハミング（Hamming）窓関数　81
インコヒーレント　18
インコヒーレント結像　98, 100
インターフェログラム　156
インパルス応答　70
インパルス関数 $\delta(x)$　51
インラインホログラフィ　123

ウィナー-キンチン（Wiener-Khinchine）
　の定理　151
ウインドウ関数　79

エアリ（Airy）の円盤　32
X 線 CT　135
　――における2次元フーリエ変換法　137
　――におけるフィルタ補正逆投影法　138
FFT　76, 119
エリアシング（aliasing）誤差　64
エルミート性　49
円形開口　31
円形関数 $\mathrm{circ}(x)$　61
演算子　67

OTF　99

カ　行

解析信号　140, 142
回折　20
　――による角度広がり　23
回折格子　32
解像力　101
ガウス関数 $\mathrm{gauss}(r)$　61
可干渉　18
可干渉性　17
可干渉度　17
角周波数　5
角スペクトル法　102
重ね合わせの原理　10, 69
加算　128
可視度　17, 150
カットオフ周波数　100, 102
干渉　14
干渉計　20
干渉縞　16, 116

規格化　45
奇関数成分　42
キャリア　162
吸収係数　135
球面波　9
強度　8
共役像　117

空間周波数フィルタリング　108
偶関数成分　42
空間制限信号　78

空間積分型相関器　125
空間的コヒーレンス　152
矩形開口　30
矩形関数 rect(x)　57
矩形窓関数　80
くし形関数 comb(x)　61
屈折率　5
区分的になめらか　43
クーリー–ターキー（Cooley-Tukey）法　84
クロネッカ（Kronecker）のデルタ　44

計算機ホログラム　119
結合変換相関器　127
ゲート関数　57
減算　128

光学的距離　15
高速フーリエ変換　76
高速フーリエ変換法　81
光路差　17
光路長　15
コヒーレンス　148
コヒーレンス度　17
コヒーレント　18
コヒーレント結像　94, 99
固有関数　72
固有値　72
コントラスト　17
コンボリューション　90
コンボリューション積分　54

サ 行

再生像　117
最良多項式近似　43
sinc 関数 sinc(x)　61
座標変換　131
三角形関数 $\Lambda(x)$　61
参照波　115
サンデ–ターキー（Sande-Tukey）法　84

時間積分型相関器　125

時間的コヒーレンス　150
時間不変システム　69
自己コヒーレンス関数　149
自己相関関数　55, 100
システム　67
視直径　154
シフト不変システム　69
周期関数　37
周波数　5
周波数応答関数　71
　光学系の——　99
周波数間引き　84
初期位相　5
信号対雑音比　113
振幅　4

スカラー波　11
スペクトル　39
スペクトルアナライザ　123
スペクトル干渉計　152

正規化　45
正規直交関数　45
正規直交関数列　44
正弦波　4
線形システム　68
線形性　69
鮮明度　17

相関関数　54
相関器　124
相互コヒーレンス相関　149
相互相関関数　55

タ 行

帯域　63
帯域制限信号　63
帯域フィルタ　109
断層画像　135

超音波空間光変調器　123
超解像　111

直交性　44
直交（quadrature）成分　146

ディジタルホログラフィ　121
定常システム　69
停留位相法　132
デルタ関数　51
電磁波　2
天体干渉計　154
伝播定数　5

投影切断面定理　136
同相（in-phase）成分　146
トワイマン-グリーン（Twyman-Green）の干渉計　20

ナ　行

二重回折光学系　108
二重露光法　129

ハ　行

ハイパスフィルタ　109
パーシバル（Parseval）の式　56
波数　5
波数ベクトル　6
パターン認識　113
波長　4, 5
波動　1
　——のエネルギー　8
　——の複素表示　7
波動方程式　1, 3
バートレット（Bartlett）窓関数　80
ハニング窓関数　81
ハミング（Hamming）窓関数　81
波面　5
パワースペクトル　56, 152
反エルミート性　49

光コンピューティング　107
光の速度　5
光伝送能　157
非干渉　18

瞳関数　99
微分フィルタ　110
標本化定理　61
ヒルベルト変換　140, 144, 164

ファブリ-ペロー（Fabry-Perot）干渉計　20
ファンシッター-ツェルニケ（van Citter-Zernike）の定理　154
フィゾー（Fizeau）干渉計　20
フィルタ　108
不確定性関係　152
複素表示　140
符号関数 $\mathrm{sgn}(x)$　61
物体波　115
負の周波数　140
フラウンホーファー（Fraunhofer）回折　29
フーリエ（Fourier）級数　11, 36
　——の最終性　44
フーリエ光学　90
フーリエ積分　30
フーリエ変換　30, 45
フーリエ変換対　47
　——のシフト則　50
　——の線形性　49
　——の相似則　49
　——の対称性　48
フーリエ変換分光　155
フーリエ変換ホログラム　117
フリンジスキャン法　159
フレネル（Fresnel）回折　26, 90
フレネル-キルヒホッフ（Fresnel-Kirchhoff）の回折積分　25, 102

平面波　4, 6
ベクトル波　11
ベッセル（Bessel）関数　31
ヘビサイド（Heaviside）の階段関数　51
ヘルムホルツ（Helmholtz）方程式　12, 102

ホイヘンス（Huygens）の原理　24

ポインティング (Poynting) ベクトル　8
ホログラフィ　115
ホログラフィック格子　130

マ行

マイケルソン (Michelson) の干渉計　20
マッチトフィルタ　113, 117
マッハ-ツェンダー (Mach-Zehnder) 干渉計　20
窓関数　57, 79

メラン (Mellin) 変換　133

ヤ行

ヤング (Young) の実験　18

4-f 光学系　109

ラ行

ラドン (Radon) 変換　135
ラプラシアンフィルタ　110

離散フーリエ変換　76

レイリー-ゾンマーフェルト (Rayleigh-Sommerfeld) の回折式　25, 102
レイリー (Rayleigh) の規範　101
レンズのフーリエ変換作用　91

ローパスフィルタ　109
ローマン (Lohmann) 型ホログラム　120

著者略歴

谷田貝豊彦(やたがいとよひこ)

1946年　栃木県に生まれる
1969年　東京大学工学部卒業
現　在　宇都宮大学オプティクス教育研究センター教授
　　　　筑波大学名誉教授
　　　　工学博士

光学ライブラリー 4
光とフーリエ変換　　　　　　　　　　　　定価はカバーに表示

2012年9月20日　初版第1刷
2025年4月25日　　　 第8刷

著　者	谷　田　貝　豊　彦
発行者	朝　倉　誠　造
発行所	株式会社 朝倉書店

東京都新宿区新小川町6-29
郵便番号　162-8707
電話　03(3260)0141
FAX　03(3260)0180
https://www.asakura.co.jp

〈検印省略〉

ⓒ 2012〈無断複写・転載を禁ず〉　印刷・製本　デジタルパブリッシングサービス

ISBN 978-4-254-13734-7　C 3342　　　　　　Printed in Japan

JCOPY ＜出版者著作権管理機構 委託出版物＞

本書の無断複写は著作権法上での例外を除き禁じられています。複写される場合は、そのつど事前に、出版者著作権管理機構(電話 03-5244-5088, FAX 03-5244-5089, e-mail: info@jcopy.or.jp)の許諾を得てください。

好評の事典・辞典・ハンドブック

物理データ事典 日本物理学会 編 B5判 600頁
現代物理学ハンドブック 鈴木増雄ほか 訳 A5判 448頁
物理学大事典 鈴木増雄ほか 編 B5判 896頁
統計物理学ハンドブック 鈴木増雄ほか 訳 A5判 608頁
素粒子物理学ハンドブック 山田作衛ほか 編 A5判 688頁
超伝導ハンドブック 福山秀敏ほか編 A5判 328頁
化学測定の事典 梅澤喜夫 編 A5判 352頁
炭素の事典 伊与田正彦ほか 編 A5判 660頁
元素大百科事典 渡辺 正 監訳 B5判 712頁
ガラスの百科事典 作花済夫ほか 編 A5判 696頁
セラミックスの事典 山村 博ほか 監修 A5判 496頁
高分子分析ハンドブック 高分子分析研究懇談会 編 B5判 1268頁
エネルギーの事典 日本エネルギー学会 編 B5判 768頁
モータの事典 曽根 悟ほか 編 B5判 520頁
電子物性・材料の事典 森泉豊栄ほか 編 A5判 696頁
電子材料ハンドブック 木村忠正ほか 編 B5判 1012頁
計算力学ハンドブック 矢川元基ほか 編 B5判 680頁
コンクリート工学ハンドブック 小柳 治ほか 編 B5判 1536頁
測量工学ハンドブック 村井俊治 編 B5判 544頁
建築設備ハンドブック 紀谷文樹ほか 編 B5判 948頁
建築大百科事典 長澤 泰ほか 編 B5判 720頁

価格・概要等は小社ホームページをご覧ください．